LA FONCTION GAMMA;

THÉORIE, HISTOIRE, BIBLIOGRAPHIE.

Illustration de couverture : © domaine public
Edition : Culturea, le patrimoine des lettres (Hérault, 34)
Contact : infos@culturea.fr
Retrouvez notre catalogue sur http://culturea.fr
Imprimé en Allemagne par Books on Demand, In de Tarpen 42, Norderstedt.
Design typographique : Derek Murphy
Layout : Reedsy (https://reedsy.com/)
ISBN : 9791041941070
Dépôt légal : janvier 2023

LA FONCTION GAMMA;

THÉORIE, HISTOIRE, BIBLIOGRAPHIE.

PAR

MAURICE GODEFROY,

BIBLIOTHÉCAIRE DE LA FACULTÉ DES SCIENCES DE MARSEILLE.

PARIS,

GAUTHIER-VILLARS, IMPRIMEUR-LIBRAIRE

DU BUREAU DES LONGITUDES, DE L'ÉCOLE POLYTECHNIQUE,

Quai des Grands-Augustins, 55.

—

INTRODUCTION.

On peut définir la fonction gamma, soit, d'après les procédés de l'ancienne Analyse, au moyen d'une expression déterminée, soit, conformément aux idées modernes sur la théorie des fonctions, en partant de certaines équations fonctionnelles. Si l'on fait abstraction de cette dernière méthode qui n'a donné naissance qu'à de rares travaux (1), très importants d'ailleurs, on se trouve en présence de deux définitions, dues l'une et l'autre à Euler. La première, fondée sur la considération de la limite d'un produit, a été préconisée par Gauss (2) et Liouville (3). La seconde, où $\Gamma(x)$ est l'expression d'une intégrale définie, a été adoptée successivement par Euler, Legendre et presque tous les analystes. On doit chercher, sans doute, la raison de cette préférence exclusive dans les nombreux rapports qui relient l'étude de $\Gamma(x)$ à celle des intégrales définies. Cependant la définition choisie par Gauss, non seulement possède l'avantage d'une plus grande généralité, puisque la variable n'y est astreinte qu'à la seule condition restrictive de ne pas être égale à un entier négatif, mais encore elle révèle immédiatement la nature même de cette transcendante et permet d'établir toutes ses propriétés d'une manière plus concise, plus rigoureuse et aussi plus naturelle ; au lieu de reposer sur une suite d'artifices, parfois compliqués, les démonstrations se développent avec une remarquable uniformité.

Les considérations précédentes nous sont inspirées par un Mémoire critique d'un mathématicien allemand de grand mérite, le professeur Pringsheim, de Munich (4). Après avoir comparé les avantages et les

(1) Les principaux sont ceux de Weierstrass, Hankel, Prÿm, Mellin.

(2) *Briefwechsel zwischen Gauss und Bessel*, p. 152.

(3) *Comptes rendus hebdomadaires des séances de l'Académie des Sciences*, t. XXXV, 1852, p. 320.

(4) *Zur Theorie der Gamma-Functionen* (*Mathematische Annalen*, t. XXXI, 1888, p. 455–481).

inconvénients des deux définitions dans le sens que nous venons d'indiquer, ce savant auteur arrive à la conclusion, qu'au point de vue didactique, il est préférable, à l'exemple de la plupart des analystes, de définir $\Gamma(x)$ au moyen d'une intégrale, puis d'en déduire que cette fonction est la limite d'un produit, et, ce résultat une fois obtenu, de l'utiliser pour l'exposé de la théorie. Cette manière de voir s'appuie assurément sur des arguments sérieux, et pourtant, malgré leur valeur incontestable, nous croyons devoir formuler un avis absolument opposé. Nous référant à l'opinion de Gauss et de Liouville, nous estimons, au contraire, que l'expression de $\Gamma(x)$ sous forme de limite d'un produit s'impose dès le début et qu'il vaut mieux ne faire intervenir les intégrales définies qu'en dernier lieu, lorsque leur introduction devient indispensable. Il nous paraît, en effet, peu rationnel de recourir tout d'abord à un ordre d'idées que l'on abandonnera presque aussitôt pour le reprendre ensuite. D'ailleurs, n'est-il pas plus logique de choisir celle des deux définitions qui nécessite les notions les moins élevées et permet, par là même, de réaliser ce maximum de simplicité qui doit être le but primordial de toute investigation mathématique ? Dans ce travail essentiellement synthétique, nous nous sommes proposés de justifier cette manière de voir, en considérant spécialement le cas où la variable est réelle, sans cependant négliger les idées récentes qui ont si profondément modifié la théorie de la fonction gamma. Nous n'avons pas cherché à découvrir des résultats nouveaux, mais nous avons apporté un soin scrupuleux dans le choix des méthodes ; en outre, la forme sous laquelle les raisonnements sont présentés nous est toujours personnelle ; souvent même, nous avons réussi à introduire des améliorations notables et nous le devons surtout à l'emploi presque constant des séries dont l'usage est toujours pratique et sûr. Enfin, quelque peu enclin à l'érudition mathématique, goût jadis si peu cultivé et qui maintenant se répand de jour en jour davantage, nous avons tenu, sans tomber dans une documentation excessive et fastidieuse, à donner incidemment de nombreux renseignements historiques et bibliographiques. Quelques-uns serviront à préciser certains faits ; tous, sans doute, contribueront à augmenter l'intérêt de la théorie.

Maurice Godefroy.

LA FONCTION GAMMA;

THÉORIE, HISTOIRE, BIBLIOGRAPHIE.

I.

HISTORIQUE.

L'introduction de la fonction gamma dans l'Analyse est due à Euler. Cependant, à propos de l'origine de cette transcendante, il serait injuste de ne point rappeler les résultats obtenus par Wallis et Stirling. Le premier, par la découverte de sa fameuse formule (1), montra quel parti on pouvait tirer des quadratures pour l'évaluation de certains nombres ; le second, en cherchant à déterminer le logarithme du produit des n premiers entiers, parvint à une série des plus singulières dont l'étude se rattache étroitement à celle de la fonction gamma (2).

Les premiers travaux d'Euler sur cette matière remontent à l'année 1729. Goldbach et Daniel Bernoulli s'occupaient alors de l'interpolation de la série

$$1 + 1 \cdot 2 + 1 \cdot 2 \cdot 3 + \cdots + 1 \cdot 2 \cdots n + \cdots$$

considérée auparavant par Wallis. Euler, mis au courant de ce problème par Bernoulli, échangea avec Goldbach une correspondance (3) qui devait

---

(1) *Arithmetica infinitorum* (*Johannis Wallis... opera mathematica*, t. I, p. 469).

(2) *Methodus differentialis : sive Tractatus de summatione et interpolatione serierum infinitarum*. Londini, 1730, in-4°. «Cet ouvrage, d'un génie analytique supérieur, offrait la solution de problèmes qui semblaient dépasser les méthodes de la science à cette époque». (BINET).

(3) *Voir* P.-H. FUSS, *Correspondance mathématique et physique de quelques célèbres géomètres du* XVIIIème *siècle...*, t. I.

se prolonger jusqu'à la mort de ce dernier survenue en 1764. Dans une première lettre du 13 octobre 1729, il observe que le terme général de la série de Wallis est la limite de l'expression

$$\frac{1\cdot 2\cdot 3\cdots n}{(1+m)(2+m)\cdots(n+m)}(n+1)^m$$

lorsque n croît indéfiniment ([1]). Cette question fait également l'objet d'une lettre du 8 janvier 1780 ([2]) ; il y annonce que le terme général de la même série peut être représenté par l'intégrale

$$\int dx\,(-lx)^n.$$

Ainsi, dès le début de ses recherches sur les fonctions qu'il qualifia plus tard d'*inexplicables* ([3]), Euler avait considéré le produit retrouvé plus tard par Gauss, mais il ne reconnut point quels avantages il offrait, et désormais, dans les nombreux travaux qu'il publia sur ce sujet, il s'en tint uniquement aux intégrales définies comme mode de représentation.

Le Mémoire de Gauss sur la série hypergéométrique ([4]) marque un nouveau progrès dans l'histoire de la fonction gamma. C'est un exposé

([1]) «Hujus seriei 1, 2, 6, 24, 120, etc., quam a Te multum tractatam esse vidi, hunc inveni terminum generalem

$$\frac{1\,2^m}{1+m}\cdot\frac{2^{1-m}3^m}{2+m}\cdot\frac{3^{1-m}4^m}{3+m}\cdot\frac{4^{1-m}5^m}{4+m}\ \text{etc.}$$

ex infinito factorum numero constantem, qui terminum ordine m^{mum} exprimit. Is quidem in nullo casu abrumpitur, et æque si m est numerus integer, tantum ad verum magis magisque accedit, ac si m fuerit fractus. Sed tamen per eum admodum prope quemque terminum invenire licet, idque eo facilius, quo minus assumatur m. Si autem aliquot solum, uti visum sit, factoribus, termino generali commodior induci potest forma : ut si duobus prioribus factoribus contenti esse velimus, habebitur $\frac{1\cdot 2}{(1+m)(2+m)}3^m$ pro termino ordine m. Sin autem generaliter n factores capiantur, sequentibus reliquis neglectis, erit terminus generalis $\frac{1\cdot 2\cdot 3\cdots n}{(1+m)(2+m)\cdots(n+m)}(n+1)^m$, qui, quo major accipitur numerus n, eo propius ad verum accedet.» P.-H. Fuss, *Correspondance mathématique et physique...*, t. I, p. 3–4.

([2]) P.-H. Fuss, *Correspondance mathématique et physique...*, t. I, p. 11–18.

([3]) Le Chapitre XVI de la seconde partie des *Institutiones Calculi differentialis*, p. 769–807, est tout entier consacré aux fonctions inexplicables. «Il n'est pas facile d'expliquer comment Euler a pu appliquer une telle épithète (*inexplicabilis*) à une grandeur dont il connaissait, depuis vingt-cinq ans, l'expression analytique sous forme continue». (Binet).

([4]) *Disquisitiones generales circa seriem infinitam* $1+\frac{\alpha\cdot\beta}{1\cdot\gamma}x+\cdots$ (*Carl Friedrich Gauss Werke*, t. III, p. 123–162). Gauss présenta son Mémoire à la Société royale des Sciences de Göttingue le 30 janvier 1812.

très sobre des propriétés les plus essentielles de cette transcendante regardée comme la limite, pour $k = \infty$, du produit

$$\Pi(k,z) = \frac{1\cdot 2\cdot 3\cdots k}{(z+1)(z+2)(z+3)\cdots(z+k)}k^z \text{ (1)}.$$

Gauss, dans une lettre adressée à Bessel en date du 21 novembre 1811 (2), a expliqué les motifs qui l'ont conduit à choisir cette définition (3). Cependant, et cela nous paraît assez étrange, il abandonna plus tard sa manière de voir primitive, car l'exemplaire imprimé de son Mémoire, dont il avait l'habitude de se servir, porte une annotation manuscrite où une opinion toute différente est exprimée (4).

C'est à Legendre que l'on doit la première étude complète et approfondie des intégrales eulériennes. Dans ses *Exercices de Calcul intégral* (5), puis dans son *Traité des fonctions elliptiques* (6), se trouvent rassemblés tous les résultats acquis à cette époque dans cette partie de l'Analyse. Les démonstrations qui en sont données ont presque toujours, sinon le mérite de la rigueur, du moins celui de l'originalité, et souvent des développements nouveaux les accompagnent.

Cependant les travaux consciencieux de Legendre étaient loin d'être définitifs ; depuis lors l'attention des analystes s'est maintes fois fixée sur cette région restreinte, mais si attrayante, de l'immense domaine de la Science mathématique. Aussi, la simple énumération de tous les Mémoires écrits sur ce sujet depuis le commencement du siècle dernier suffirait à étendre démesurément cette courte notice. La plupart ont pour auteurs des savants de premier ordre. Nous rappellerons, entre beaucoup d'autres, les noms de Binet, Lejeune Dirichlet, Liouville, Cauchy, Raabe,

---

(1) *Carl Friedrich Gauss Werke*, t. III, p. 144–146.

(2) *Briefwechsel zwischen Gauss und Bessel*, p. 152.

(3) Voir aussi l'analyse que Gauss a faite de son Mémoire dans les *Göttingische gelehrte Anzeigen* (*Carl Friedrich Gauss Werke*, t. III, p. 200–201).

(4) Cette annotation, rapporte Schering, est relative au paragraphe 28 ; elle est ainsi conçue : «*Die beste Definition von* Π *ist dass*

$$\Pi m = \int_{-\infty}^{\infty} e^{(m+1)x} e^{e^{-x}}\, dx».$$

Voir : *Carl Friedrich Gauss Werke*, t. III, p. 230.

(5) *Exercices de Calcul intégral sur divers ordres de transcendantes et sur les quadratures*, Paris, V^{e}Courcier, 1811–1819, 3 vol. in-4°. Cet ouvrage est devenu rare.

(6) *Traité des fonctions elliptiques et des intégrales eulériennes avec des Tables pour en faciliter le calcul numérique*, Paris, Huzard-Courcier, 1825–1828, 3 vol. in-4°. Le tome II contient un Traité des intégrales eulériennes qui est la reproduction améliorée des parties II et IV des *Exercices*.

Gudermann, Kummer, Weierstrass, Hermite, Prÿm, Appell, Lerch, Mellin. A cet égard, on trouvera des renseignements bibliographiques très détaillés dans l'excellente monographie de Brunel (1).

Si la fonction gamma a été l'objet de multiples travaux, il faut en attribuer surtout la raison à ce que l'on peut suivre graduellement et sans effort, dans l'exposé de ses propriétés, tous les progrès de l'Analyse moderne. En effet, type par excellence de la fonction uniforme, elle se prête, d'une manière particulièrement heureuse, à l'application des théorèmes fondamentaux de la Théorie générale des fonctions dont elle constitue peut-être l'illustration la plus simple et la plus saisissante. Nous avons vu que Gauss, se plaçant à un tout autre point de vue qu'Euler et Legendre, la définit comme la limite d'un produit convergent. La voie était ainsi ouverte à Weierstrass ; ce dernier fut effectivement amené à la découverte de son théorème sur les facteurs primaires par la considération de la fonction $\Pi(z)$ de Gauss, comme il le dit lui-même (2), dans son célèbre Mémoire *Zur Theorie der eindeutigen analytischen Functionen* (3) qui parut en 1876. D'ailleurs dans un travail bien antérieur (4), où il s'était proposé de traiter avec clarté et rigueur la question si complexe des *facultés analytiques*, Weierstrass avait reconnu le caractère propre de l'inverse de $\Gamma(x)$ qu'il appela factorielle de x.

Une autre preuve de l'influence constante que les perfectionnements

---

(1) *Monographie de la fonction gamma* (*Mémoires de la Société des Sciences physiques et naturelles de Bordeaux*, 3e série, t. III, 1886, p. 1–184). Le travail de Brunel se recommande surtout par l'abondance des données bibliographiques, mais au point de vue didactique il est un peu succinct. Depuis sa publication, il a paru plusieurs monographies consacrées à l'étude de la fonction gamma ; nous nous plaisons à les citer, car leur lecture nous a été grandement profitable. Ce sont, d'après leur ordre d'apparition : la dissertation inaugurale d'Arvid Lindhagen, *Studier öfver gamma-funktionen och några beslägtade transcender*, Upsala, 1887, in-4° ; les divers articles de J. L. W. V. Jensen insérés dans le *Nyt Tidsskrift for Mathematik*, t. II B, 1891, p. 33–56, 57–72, 83–85, sous le titre de *Gammafunktionens Theori i elementær Fremstilling* ; et enfin la *Theorie funkce gamma* de Mathias Lerch écrite en langue tchèque (*Věstník české Akademie císaře Františka Josefa pro vědy, slovesnost a umění v Praze*, t. II, 1893, et t. VIII, 1900). Il faut mentionner aussi un Mémoire récent de Barnes, *The theory of the gamma function* (*The Messenger of Mathematics*, vol. XXIX, 1899, p. 64–128) qui est conçu d'après un plan assez spécial.

(2) «Aber eben diese Function weist auf den Weg him, der zum Ziele führt» (*Mathematische Werke*, t. II, p. 91).

(3) *Mathematische Werke*, t. II, p. 77–124. Une traduction de ce Mémoire par Picard a été insérée dans les *Annales scientifiques de l'École normale supérieure*, 2e série, t. VIII, 1879, p. 111–150.

(4) *Über die Théorie der analytischen Facultäten* (*Mathematische Werke*, t. I, p. 153–221). Ce travail fut publié en 1856 dans le tome 51 du *Journal für die reine und angewandte Mathematik* (p. 1–60). La théorie des facultés analytiques avait été auparavant étudiée par Vandermonde, Kramp, Bessel, Crelle, Eytelwein, Oettinger, Ohm, Raabe, mais elle renfermait encore de graves lacunes.

de l'Analyse ont exercé sur le développement de la théorie de la fonction gamma nous est encore fournie par les fonctions $P(x)$ et $Q(x)$. Ces fonctions introduites par de Gasparis (1), mais dont la signification véritable a été mise en relief par Prÿm (2), se présentent comme une conséquence fort remarquable du théorème de Mittag-Leffler. Un champ, jusqu'alors inexploré, était par là même livré à l'activité des chercheurs, et, parmi les plus beaux résultats obtenus, il importe de mentionner ceux qui ont été trouvés par Hermite (3) en appliquant le théorème de Mittag-Leffler à certaines combinaisons de fonctions gamma. Aussi bien, Hermite a publié de nombreux Mémoires sur les fonctions eulériennes, pour lesquelles il semble avoir éprouvé une prédilection marquée ; une part prépondérante lui est ainsi assurée dans l'avancement de cette théorie qui conservera toujours l'empreinte ineffaçable de son puissant génie.

Tel est, en quelques mots, l'historique de la fonction gamma ; bien que brièvement esquissé, il suffit, sans qu'il soit besoin d'insister davantage, à montrer combien privilégiée est la place que cette transcendante tient en Analyse et quelle importance on est en droit d'attacher à son étude.

---

(1) *Sul calcolo del valore della funzione* $\sum \frac{1}{\Gamma(x)}$ (*Società reale di Napoli. Rendiconto dell'Accademia delle Scienze fisiche e matematiche*, t. VI, 1867, p. 276–388. — *Giornale di Matematiche*, t. VI, 1868, p. 16–23). Si, comme le remarque Hermite, l'intérêt de la décomposition de $\Gamma(x)$ en fonctions $P(x)$ et $Q(x)$ demeura caché à de Gasparis, c'est que les principes de la théorie des fonctions étaient alors peu connus.

(2) *Zur Theorie der Gammafunction* (*Journal für die reine und angewandte Mathematik*, t. LXXXII, 1877, p. 165–172).

(3) *Sur une application du théorème de M. Mittag-Leffler, dans la théorie des fonctions* (*Journal für die reine und angewandte Mathematik*, t. XCII, 1882, p. 145–151). Voir aussi : *Faculté des Sciences de Paris. — Cours de M. Hermite rédigé en* 1882 *par M. Andoyer*, 3e éd., p. 134–138. Le Mémoire de Mellin, *Zur Theorie der Gammafunction* (*Acta Mathematica*, t. VIII, 1886, p. 37–80), mérite d'être placé à côté des travaux de Hermite.

II.

ÉTUDE GÉNÉRALE DE LA FONCTION GAMMA.

Soit

$$\Pi(x) = n^x \frac{1 \cdot 2 \cdot 3 \cdots n}{x(x+1)\cdots(x+n)};$$

il est facile d'établir que, pour toute valeur de x non égale à zéro ou à un entier négatif, cette expression tend vers une limite quand n augmente indéfiniment. En effet, de l'identité

$$n = \frac{2 \cdot 3 \cdots n}{1 \cdot 2 \cdots (n-1)},$$

on tire immédiatement

$$n^x = \left(1 + \frac{1}{1}\right)^x \left(1 + \frac{1}{2}\right)^x \cdots \left(1 + \frac{1}{n-1}\right)^x,$$

de sorte que le produit $\Pi(x)$ peut être mis sous la forme

$$\Pi(x) = \frac{1}{x} \frac{\left(1 + \frac{1}{1}\right)^x \left(1 + \frac{1}{2}\right)^x \cdots \left(1 + \frac{1}{n-1}\right)^x}{\left(1 + \frac{x}{1}\right)\left(1 + \frac{x}{2}\right)\cdots\left(1 + \frac{x}{n}\right)};$$

si l'on prend alors les logarithmes, en adoptant, pour éviter les valeurs multiples, la détermination de la fonction logarithmique qui s'annule lorsque la variable est égale à l'unité, on trouve que le logarithme du produit $x\Pi(x)$ est égal à

$$\sum_{p=1}^{p=n} \left[\frac{x}{p} - \log\left(1 + \frac{x}{p}\right)\right] - x \sum_{p=1}^{p=n} \left[\frac{1}{p} - \log\left(1 + \frac{1}{p}\right)\right] - x \log\left(1 + \frac{1}{n}\right),$$

expression dans laquelle la seconde somme se déduit de la première en faisant dans celle-ci $x = 1$. Mais, dès que n dépasse le plus grand entier contenu dans le module de x, on a

$$\frac{x}{n} - \log\left(1 + \frac{x}{n}\right) = \frac{1}{2}\left(\frac{x}{n}\right)^2 - \frac{1}{3}\left(\frac{x}{n}\right)^3 + \frac{1}{4}\left(\frac{x}{n}\right)^4 - \cdots;$$

par suite, si r est un entier positif arbitrairement grand, lorsqu'on remplace dans ce développement x par r, et tous les coefficients par l'unité, on obtient l'inégalité

$$\left|\frac{x}{n} - \log\left(1 + \frac{x}{n}\right)\right| < \frac{r^2}{n(n-r)},$$

qui est vérifiée à partir de $n = r + 1$ si le module de x reste inférieur à r. Ainsi la série

$$\left[\frac{x}{1} - \log\left(1 + \frac{x}{1}\right)\right] + \left[\frac{x}{2} - \log\left(1 + \frac{x}{2}\right)\right] + \cdots$$

est absolument et uniformément convergente pour toute valeur de x intérieure au cercle de rayon r et non égale à un entier négatif. En particulier, pour $x = 1$, la série positive

$$\left[\frac{1}{1} - \log\left(1 + \frac{1}{1}\right)\right] + \left[\frac{1}{2} - \log\left(1 + \frac{1}{2}\right)\right] + \cdots$$

est convergente ; sa somme, que nous représenterons par ρ, est connue sous le nom de *constante d'Euler* (1).

Il résulte de ce qui précède que le produit $\Pi(x)$, pour toute valeur de x autre que zéro ou qu'un entier négatif, a une limite lorsque n devient infini. Cette limite est une fonction transcendante de x à laquelle on donne le nom de *fonction gamma* (2) ; on la désigne, en effet, par le symbole $\Gamma(x)$ employé pour la première fois par Legendre (3), et unanimement

---

(1) *Commentarii Academiæ Scientiarum imperialis petropolitanæ*, t. VII, 1734–1735, p. 156–157.

(2) Il est facile d'imaginer des fonctions plus générales que $\Gamma(x)$ définies au moyen d'une expression analogue à $\Pi(x)$. Voir à ce sujet une Note de Cesàro dans les *Nouvelles Annales de Mathématiques*, 3e série, t. IX, 1890, p. 356–359. On peut également généraliser la fonction $\log\Gamma(x)$; cette question a été traitée par Berger, *Öfversigt af Kongl. Vetenskaps-Akademiens Förhandlingar*, t. XXXVIII, 1881, n° 9, p. 13–30.

(3) *Mémoires de la classe des sciences mathématiques et physiques de l'Institut de France*, année 1809, p. 477. Gauss, comme nous l'avons déjà dit (p. 3), s'est servi des notations $\Pi(k, z)$ et $\Pi(z)$ pour représenter le produit

$$\frac{1 \cdot 2 \cdot 3 \cdots k}{(z+1)(z+2)(z+3)\cdots(z+k)} k^z$$

et sa limite lorsque k devient infini. Ainsi la fonction $\Pi(z)$ de Gauss ne diffère pas de la fonction $\Gamma(z+1)$ de Legendre.

conservé depuis.

La constante d'Euler qui, comme on vient de le voir, est la limite, pour $n = \infty$, de l'expression

$$\rho_n = s_n - \log n,$$

où s_n représente la somme des n premiers termes de la série harmonique, joue, dans la théorie de la fonction gamma, un rôle analogue à celui du nombre π dans la théorie des fonctions circulaires (1) ; sa valeur a été calculée avec 59 décimales exactes par Shanks (2) ; en se bornant à vingt décimales, on a

$$\rho = 0.57721566490153286060\ldots.$$

Weierstrass (3), dans son Mémoire sur les *facultés analytiques*, a donné le nom de *factorielle de* x à l'inverse de $\Gamma(x)$, et il a mis cette fonction, qu'il représente par $\mathrm{Fc}(x)$, sous une forme que nous allons faire connaître, car nous aurons l'occasion de l'utiliser.

Si l'on considère l'égalité

$$\frac{1}{\Pi(x)} = \frac{1}{n^x}\frac{x(x+1)\cdots(x+n)}{1\cdot 2\cdots n},$$

on en déduit

$$\frac{1}{\Pi(x)} = x\left(1+\frac{x}{n}\right)\left[\frac{x+1}{1}\left(\frac{1}{2}\right)^x\right]\left[\frac{x+2}{2}\left(\frac{2}{3}\right)^x\right]\cdots\left[\frac{x+n-1}{n-1}\left(\frac{n-1}{n}\right)^x\right],$$

et, pour $n = \infty$, on obtient

$$\mathrm{Fc}(x) = x\prod_{n=1}^{n=\infty}\left(1+\frac{x}{n}\right)\left(\frac{n}{n+1}\right)^x;$$

telle est l'expression d'où Weierstrass a tiré toutes les propriétés de $\mathrm{Fc}(x)$.

Formule de Weierstrass. — On a

$$\frac{1}{\Pi(x)} = \frac{1}{n^x}\frac{x(x+1)(x+2)\cdots(x+n)}{1\cdot 2\cdots n},$$

(1) On peut consulter, pour l'histoire de ce nombre célèbre, la monographie publiée par Glaisher dans *The Messenger of Mathematics*, vol. I, 1872, p. 25–30, et vol. II, 1873, p. 64. Nous avons donné, dans notre *Théorie élémentaire des séries*, une étude sommaire de la constante d'Euler.

(2) *Proceedings of the Royal Society of London*, 1869–1870, vol. XVIII, p. 49.

(3) *Mathematische Werke*, t. I, p. 161.

ou bien, s_n désignant la somme des n premiers termes de la série harmonique,

$$\frac{1}{\Pi(x)} = x\left(\frac{e^{s_n}}{n}\right)^x \left[\left(1+\frac{x}{1}\right)e^{-\frac{x}{1}}\right]\left[\left(1+\frac{x}{2}\right)e^{-\frac{x}{2}}\right]\cdots\left[\left(1+\frac{x}{n}\right)e^{-\frac{x}{n}}\right].$$

Soit

$$\lambda_n = \frac{e^{s_n}}{n};$$

en prenant les logarithmes, on trouve

$$\log\lambda_n = s_n - \log n;$$

quand n croît indéfiniment la limite du second membre de cette égalité est la constante d'Euler ρ, par suite

$$\frac{1}{\Gamma(x)} = xe^{\rho x}\left[\left(1+\frac{x}{1}\right)e^{-\frac{x}{1}}\right]\left[\left(1+\frac{x}{2}\right)e^{-\frac{x}{2}}\right]\cdots\left[\left(1+\frac{x}{n}\right)e^{-\frac{x}{n}}\right]\cdots.$$

La relation précédente, qui peut servir à définir la fonction gamma, donne la décomposition de son inverse en facteurs primaires. Elle a été signalée par Weierstrass (1) dans son Mémoire sur la théorie des fonctions uniformes.

Si l'on se reporte à la formule

$$\sin\pi x = \pi x \prod_{n=1}^{n=\infty}\left(1+\frac{x}{n}\right)e^{-\frac{x}{n}} \prod_{n=1}^{n=\infty}\left(1-\frac{x}{n}\right)e^{\frac{x}{n}},$$

on constate que la fonction $\Gamma(x)$ est formée avec la moitié des facteurs qui constituent la fonction simplement périodique $\sin\pi x$. Ce fait a conduit à imaginer des fonctions formées avec la moitié, ou même le quart, des facteurs qui constituent certaines fonctions doublement périodiques. Telles sont les fonctions de Heine (2) et la fonction gamma double de Barnes (3). A ces fonctions se rattachent aussi les fonctions introduites

(1) *Mathematische Werke*, t. II, p. 91. Cependant cette formule avait été déjà rencontrée par Newman (*The Cambridge and Dublin mathematical Journal*, vol. III, 1848, p. 59).

(2) *Journal für die reine und angewandte Mathematik*, t. XXXIV, 1847, p. 309-315. — *Handbuch der Kugelfunctionen*, 2e éd., t. I, p. 109–115.

(3) *Proceedings of the London mathematical Society*, vol. XXXI, 1899, p. 358–381. — *The quarterly Journal of pure and applied Mathematics*, vol. XXXI, 1900, p. 264–314.

par Appell (1), par Pincherle (2) et par Alexejewsky (3).

La formule de Weierstrass montre que la fonction $\Gamma(x)$ est méromorphe pour toute valeur finie de x. Elle admet, en effet, comme seuls points singuliers, des pôles simples correspondant aux valeurs suivantes de la variable :

$$x = 0, \qquad x = -1, \qquad x = -2, \qquad \ldots, \qquad x = -n, \qquad \ldots,$$

le point $x = \infty$ étant un point singulier essentiel.

Théorème. — *L'inverse de la fonction gamma est développable en une série entière de rayon de convergence infini.*

Il résulte immédiatement de la décomposition de l'inverse de la fonction gamma en facteurs primaires que cette fonction est développable en une série entière convergente dans tout le plan. Cette proposition, énoncée pour la première fois par Weierstrass (4), peut d'ailleurs être démontrée directement de la manière suivante :

Si l'on pose

$$1 + u_n = \left(1 + \frac{x}{n}\right) e^{-\frac{x}{n}},$$

on en déduit

$$u_n = -\frac{1}{1 \cdot 2} \frac{x^2}{n^2} + \frac{2}{1 \cdot 2 \cdot 3} \frac{x^3}{n^3} - \cdots - (-1)^p \frac{p-1}{1 \cdot 2 \cdots p} \frac{x^p}{n^p} - \cdots.$$

Soit alors r le module de x ; si l'on considère la série positive

$$a_n = \frac{1}{1 \cdot 2} \frac{r^2}{n^2} + \frac{2}{1 \cdot 2 \cdot 3} \frac{r^3}{n^3} + \cdots + \frac{p-1}{1 \cdot 2 \cdots p} \frac{r^p}{n^p} + \cdots,$$

ses coefficients étant moindres que l'unité, dès que n atteint l'entier m immédiatement supérieur à r, on a

$$a_n < \frac{r^2}{n(n-r)},$$

d'où il suit que la série positive de terme général a_n est convergente.

---

(1) *Mathematische Annalen*, t. XIX, 1882, p. 84–102.

(2) *Comptes rendus hebdomadaires des séances de l'Académie des Sciences*, t. CVI, 1888, p. 265–268.

(3) Сообщенія и протоколлы Харьковскаго математическаго Общества, 2e série, t. I, 1890, p. 169–238. — *Berichte über die Verhandlungen der königlich sächsischen Gesellschaft der Wissenschaften zu Leipzig. Mathematisch-physische Classe*, t. XLVI, 1894, p. 268–275.

(4) *Ueber die Theorie der analytischen Facultäten* (*Mathematische Werke*, t. I, p. 161).

Le produit infini de terme général $1+u_n$, d'après un théorème connu ([1]), est donc développable en une série entière convergente pour toute valeur de la variable; par conséquent, l'inverse de $\Gamma(x)$ est une fonction transcendante entière.

La fonction $\frac{1}{\Gamma(1+x)}$, pour $x = 0$, se réduit à l'unité; autrement dit, le premier terme de son développement n'est pas nul; on en conclut que la fonction $\Gamma(1+x)$ est développable suivant une série entière de rayon de convergence non nul ([2]); la valeur de ce rayon de convergence est d'ailleurs égale à l'unité, puisque le point singulier le plus rapproché de l'origine est le point $x = -1$.

Les coefficients des développements de la fonction $\Gamma(1+x)$ et de son inverse seront calculés ultérieurement.

Relation fonctionnelle. — On a

$$\Pi(x+1) = n^{x+1}\frac{1\cdot 2\cdot 3\cdots n}{(x+1)(x+2)\cdots(x+n+1)} = \frac{nx}{n+x+1}\Pi(x),$$

d'où, pour $n=\infty$,

$$\Gamma(x+1) = x\,\Gamma(x);$$

c'est cette relation que l'on nomme *relation fonctionnelle*. Elle ne caractérise pas d'ailleurs la fonction gamma, car elle est vérifiée par toute fonction de la forme

$$y = \Gamma(x)\Theta(x),$$

la fonction $\Theta(x)$ satisfaisant elle-même à l'égalité

$$\Theta(x+1) = \Theta(x),$$

c'est-à-dire admettant une période égale à l'unité, ce qui est le cas de toutes les fonctions développables en séries trigonométriques convergentes telles que

$$\Theta(x) = a_0 + a_1\cos 2\pi x + a_2\cos 4\pi x + \cdots + b_1\sin 2\pi x + b_2\sin 4\pi x + \cdots.$$

Si dans la relation fonctionnelle

$$\Gamma(x+1) = x\,\Gamma(x),$$

on remplace successivement x par $x+1, x+2, \ldots, x+m-1$, on trouve

$$\Gamma(x+2) = (x+1)\,\Gamma(x+1),$$

$$\ldots\ldots\ldots\ldots\ldots\ldots\ldots\ldots,$$

$$\Gamma(x+m) = (x+m-1)\,\Gamma(x+m-1),$$

([1]) Jules Tannery, *Introduction à la théorie des fonctions d'une variable*, p. 206–210.

([2]) Maurice Godefroy, *Théorie élémentaire des séries*, p. 96.

d'où, m étant un entier positif,

$$\Gamma(x+m) = x(x+1)\cdots(x+m-1)\,\Gamma(x).$$

Soit x une valeur réelle de la variable extérieure à l'intervalle $(0,1)$; en désignant par m l'entier positif immédiatement inférieur à x ou supérieur à $-x$ suivant que x est positif ou négatif, la formule précédente permet de ramener le calcul de $\Gamma(x)$ à la détermination de cette fonction pour une valeur de x intérieure à l'intervalle $(0,1)$. En effet, si x est positif, on a

$$\Gamma(x) = (x-m)(x-m+1)\cdots(x-1)\,\Gamma(x-m),$$

et si x est négatif, on peut poser

$$\Gamma(x) = \frac{1}{x(x+1)\cdots(x+m-1)}\,\Gamma(x+m).$$

Lorsque la variable x est imaginaire, ces deux relations donnent le moyen de réduire le calcul de $\Gamma(x)$, pour une valeur quelconque de x, à l'évaluation de $\Gamma(x)$ pour une valeur de x dont la partie réelle soit intérieure à l'intervalle $(0,1)$.

Si la variable est un entier $m+1$ on obtient simplement

$$\Gamma(m+1) = 1\cdot 2\cdots m.$$

Applications. — I. Module de $\Gamma(\alpha+\beta i)$. — On vient de voir que si la variable est imaginaire, on peut toujours ramener sa partie réelle à être comprise entre 0 et 1. Soit donc

$$x = \alpha + \beta i,$$

le nombre α satisfaisant aux conditions

$$0 \leqq \alpha \leqq 1;$$

on a

$$\frac{1}{|\Gamma(\alpha+\beta i)|} = \sqrt{\alpha^2+\beta^2}\,e^{\alpha\rho}\prod_{n=1}^{n=\infty}\left[\left(1+\frac{\alpha}{n}\right)^2+\frac{\beta^2}{n^2}\right]^{\frac{1}{2}} e^{-\frac{\alpha}{n}},$$

mais

$$\prod_{n=1}^{n=\infty}\left[\left(1+\frac{\alpha}{n}\right)^2+\frac{\beta^2}{n^2}\right]^{\frac{1}{2}} e^{-\frac{\alpha}{n}} = \prod_{n=1}^{n=\infty}\left(1+\frac{\alpha}{n}\right)e^{-\frac{\alpha}{n}}\prod_{n=1}^{n=\infty}\left[1+\frac{\beta^2}{(\alpha+n)^2}\right]^{\frac{1}{2}},$$

d'ailleurs

$$\frac{1}{\Gamma(1+\alpha)} = e^{\alpha\rho} \prod_{n=1}^{n=\infty} \left(1+\frac{\alpha}{n}\right) e^{-\frac{\alpha}{n}},$$

et, quant au produit

$$\prod_{n=1}^{n=\infty} \left[1+\frac{\beta^2}{(\alpha+n)^2}\right],$$

il est compris entre les deux produits

$$\prod_{n=1}^{n=\infty} \left[1+\frac{\beta^2}{(n+1)^2}\right], \qquad \prod_{n=1}^{n=\infty} \left[1+\frac{\beta^2}{n^2}\right],$$

qui correspondent aux valeurs extrêmes de α. Ces deux produits ont respectivement pour limites

$$\frac{1}{1+\beta^2}\,\frac{e^{\beta\pi}-e^{-\beta\pi}}{2\beta\pi}, \qquad \frac{e^{\beta\pi}-e^{-\beta\pi}}{2\beta\pi}$$

on peut donc poser

$$|\Gamma(\alpha+\beta i)| = \lambda\,\frac{\Gamma(1+\alpha)}{\sqrt{\alpha^2+\beta^2}}\sqrt{\frac{2\beta\pi}{e^{\beta\pi}-e^{-\beta\pi}}},$$

le coefficient λ vérifiant la double inégalité

$$1 < \lambda < \sqrt{1+\beta^2}.$$

Cet élégant résultat est dû à Mathias Lerch (1).

Lorsque α est nul, λ se réduit à l'unité et l'on retrouve la formule

$$|\Gamma(\beta i)| = \frac{1}{\beta}\sqrt{\frac{2\beta\pi}{e^{\beta\pi}-e^{-\beta\pi}}}$$

qui a été donnée par Stieltjes (2).

II. Résidus de $\Gamma(x)$. — Le calcul du résidu A_n correspondant au pôle $x=-n$ est bien simple. Dans le domaine de ce point, on peut poser

$$\Gamma(x) = F(x+n) + \frac{A_n}{x+n},$$

(1) *Theorie funkce gamma* (*Věstník česke Akademie císaře Františka Josefa pro vědy, slovesnost a umění v Praze*, t. II, 1893).

(2) *Journal de Mathématiques pures et appliquées*, 4° série, t. V, 1889, p. 426.

en désignant par $F(x+n)$ la somme d'une série procédant suivant les puissances entières successives du binôme $x+n$; de la relation précédente on tire alors

$$A_n = (x+n)\Gamma(x) - (x+n)F(x+n).$$

Le résidu A_n est donc la limite, pour $x=-n$, du produit

$$(x+n)\Gamma(x) = \frac{\Gamma(x+n+1)}{x(x+1)\cdots(x+n-1)};$$

par suite

$$A_n = \frac{(-1)^n}{1\cdot 2\cdots n}.$$

Limite pour $n=\infty$ de l'expression $\frac{1}{n^x}\frac{\Gamma(x+n)}{1\cdot 2\cdots(n-1)}$. — On a

$$\frac{1}{n^x}\frac{\Gamma(x+n)}{1\cdot 2\cdots(n-1)} = \frac{1}{n^x}\frac{x(x+1)\cdots(x+n-1)}{1\cdot 2\cdots(n-1)}\Gamma(x),$$

c'est-à-dire

$$\frac{1}{n^x}\frac{\Gamma(x+n)}{1\cdot 2\cdots(n-1)} = \frac{n}{n+x}\frac{\Gamma(x)}{\Pi(x)};$$

la limite de l'expression

$$\frac{1}{n^x}\frac{\Gamma(x+n)}{1\cdot 2\cdots(n-1)}$$

pour $n=\infty$, est donc égale à l'unité. Ce résultat indiqué par Weierstrass ([1]), joint à la relation fonctionnelle, suffit évidemment à caractériser la fonction gamma ; car, le supposant vérifié, on en déduit sans peine, au moyen de la relation fonctionnelle, que $\Gamma(x)$ est la limite du produit $\Pi(x)$.

On a été ainsi amené, par analogie, à étudier des fonctions définies par la double condition de vérifier une équation semblable à la relation fonctionnelle de $\Gamma(x)$, et de satisfaire à une autre relation quelconque. Nous nous bornerons à traiter le plus simple des problèmes de ce genre dont la solution est donnée par les fonctions de Prÿm.

Applications. — La propriété de la fonction gamma qui vient d'être établie fournit parfois un procédé commode pour la discussion de certaines séries dont les termes sont formés avec des factorielles. Nous n'en citerons que deux exemples se rapportant à notre sujet :

([1]) *Über die Theorie der analytischen Facultäten* (*Mathematische Werke*, t. I, p. 166 et p. 192–194).

I. Étude d'une série de Stirling. — Soient

$$a_n = a(a+1)\cdots(a+n-1),$$
$$b_n = b(b+1)\cdots(b+n-1),$$

en convenant de regarder a_0 et b_0 comme égaux à l'unité ; on a

$$\frac{a_n}{b_n} - \frac{a_{n+1}}{b_{n+1}} = \frac{a_n}{b_n}\left(1 - \frac{a+n}{b+n}\right) = (b-a)\frac{a_n}{b_{n+1}}$$

d'où

$$\frac{a_0}{b_0} - \frac{a_1}{b_1} = (b-a)\frac{a_0}{b_1},$$
$$\frac{a_1}{b_1} - \frac{a_2}{b_2} = (b-a)\frac{a_1}{b_2},$$
$$\cdots\cdots\cdots\cdots\cdots\cdots$$
$$\frac{a_{n-1}}{b_{n-1}} - \frac{a_n}{b_n} = (b-a)\frac{a_{n-1}}{b_n},$$

par suite

$$\frac{1}{b-a}\left(1 - \frac{a_n}{b_n}\right) = \frac{a_0}{b_1} + \frac{a_1}{b_2} + \cdots + \frac{a_{n-1}}{b_n}.$$

Or

$$\frac{a_n}{b_n} = \frac{1}{n^{b-a}}\frac{\Gamma(b)}{\Gamma(a)}\left[\frac{1}{n^a}\frac{\Gamma(a+n)}{1\cdot 2\cdots(n-1)}\right] : \left[\frac{1}{n^b}\frac{\Gamma(b+n)}{1\cdot 2\cdots(n-1)}\right];$$

si donc on pose

$$a = \alpha + \beta i, \qquad b = \alpha' + \beta' i,$$

le module de n^{b-a} étant égal à $n^{\alpha'-\alpha}$, on voit que, n croissant indéfiniment, le rapport $\frac{a_n}{b_n}$ augmente au delà de toute limite pour $\alpha' - \alpha < 0$ et tend vers zéro pour $\alpha' - \alpha > 0$, tandis que pour $\alpha' - \alpha = 0$, il est indéterminé. On en conclut que le développement

$$\frac{1}{b-a} = \frac{1}{b} + \frac{a}{b(b+1)} + \frac{a(a+1)}{b(b+1)(b+2)} + \cdots$$

est valable en supposant positive la partie réelle de la différence $b-a$; de plus, cette condition étant remplie, il est absolument convergent, car

$$n^{\alpha'-\alpha+1}\left|\frac{a_n}{b_{n+1}}\right| = \left|\frac{n}{n+b}\frac{\Gamma(b)}{\Gamma(a)}\left[\frac{1}{n^a}\frac{\Gamma(a+n)}{1\cdot 2\cdots(n-1)}\right] : \left[\frac{1}{n^b}\frac{\Gamma(b+n)}{1\cdot 2\cdots(n-1)}\right]\right|,$$

égalité dont le second membre tend vers une limite pour $n = \infty$. La série précédente est l'une de celles que Stirling (1) a considérées.

II. — Convergence de la série hypergéométrique. — Le terme général de la série hypergéométrique

$$u_n = \frac{\alpha(\alpha+1)\cdots(\alpha+n-1)\,\beta(\beta+1)\cdots(\beta+n-1)}{1\cdot 2\cdots n\,\gamma(\gamma+1)\cdots(\gamma+n-1)}\,x^n$$

est, comme on le constate aisément, le produit des deux expressions

$$n^{\alpha+\beta-\gamma-1}\,\frac{\Gamma(\gamma)}{\Gamma(\alpha)\Gamma(\beta)}\,x^n$$

et

$$\left[\frac{1}{n^\alpha}\,\frac{\Gamma(\alpha+n)}{1\cdot 2\cdots(n-1)}\cdot\frac{1}{n^\beta}\,\frac{\Gamma(\beta+n)}{1\cdot 2\cdots(n-1)}\right]:\left[\frac{1}{n^\gamma}\,\frac{\Gamma(\gamma+n)}{1\cdot 2\cdots(n-1)}\right],$$

cette dernière ayant pour limite l'unité lorsque n devient infini. D'ailleurs, si a, b, c sont les parties réelles respectives des paramètres α, β, γ, le module de l'exponentielle $n^{\alpha+\beta-\gamma-1}$ est $n^{a+b-c-1}$; par suite, on peut poser

$$|u_n| = \lambda_n\, n^{a+b-c-1}\,|x|^n,$$

en désignant par λ_n un coefficient qui tend vers une limite pour $n = \infty$. Le rayon de convergence de la série est évidemment l'unité ; il reste à examiner la nature de la série pour $|x| = 1$. Trois hypothèses sont alors à distinguer :

1° $a+b-c-1 > 0$. — Les modules des termes augmentent indéfiniment.

2° $a+b-c-1 = 0$. — Les modules des termes tendent vers une limite non nulle.

3° $a+b-c-1 < 0$. — Les modules des termes tendent vers zéro.

La série des modules est convergente quand a, b, c vérifient l'inégalité

$$a+b-c < 0,$$

et seulement dans ce cas, car

$$n^{c-b-a+1}\,|u_n| = \lambda_n\ (2).$$

(1) *Methodus differentialis : sive Tractatus de summatione et interpolatione serierum infinitarum*, p. 12.

(2) Ce résultat a été utilisé par M. Appell à propos de son théorème bien connu sur les séries entières (*Comptes rendus hebdomadaires des séances de l'Académie des Sciences*, t. LXXXVII, 1878, p. 692).

Fonctions de Prÿm.

On peut se proposer de déterminer la forme générale des fonctions $F(x)$ satisfaisant à la relation fonctionnelle

$$F(x+1) - xF(x) = A,$$

où A désigne une constante, et telles que la limite, pour $n = \infty$, de l'expression

$$\frac{1}{n^x}\frac{F(x+n)}{1\cdot 2\cdots(n-1)}$$

soit égale à une autre constante B.

La relation fonctionnelle, supposée satisfaite, donne successivement

$$\begin{aligned}
F(x) &= \frac{1}{x}\,F(x+1) - A\,\frac{1}{x},\\
F(x+1) &= \frac{1}{x+1}\,F(x+2) - A\frac{1}{x+1},\\
F(x+2) &= \frac{1}{x+2}\,F(x+3) - A\frac{1}{x+2},\\
&\cdots\cdots\cdots\cdots\cdots\cdots\cdots\cdots,\\
F(x+n) &= \frac{1}{x+n}\,F(x+n+1) - A\frac{1}{x+n};
\end{aligned}$$

si l'on ajoute ces égalités multipliées respectivement par les rapports

$$\frac{1}{1},\quad \frac{1}{x},\quad \frac{1}{x(x+1)},\quad \ldots,\quad \frac{1}{x(x+1)\cdots(x+n+1)},$$

on trouve

$$F(x) = \frac{F(x+n+1)}{x(x+1)\cdots(x+n)} - A\left[\frac{1}{x} + \frac{1}{x(x+1)} + \cdots + \frac{1}{x(x+1)\cdots(x+n)}\right];$$

or

$$\frac{F(x+n+1)}{x(x+1)\cdots(x+n)} = \frac{1}{n}\,\frac{A+(x+n)F(x+n)}{n^x\,1\cdot 2\cdots(n-1)}\,\Pi(x),$$

et, la limite de cette expression étant $B\Gamma(x)$, si l'on représente par $S(x)$ la somme de la série convergente

$$\frac{1}{x} + \frac{1}{x(x+1)} + \frac{1}{x(x+1)(x+2)} + \cdots,$$

on a

$$F(x) = B\Gamma(x) - AS(x);$$

telle est la forme générale des fonctions $F(x)$; la fonction gamma est la plus simple ; elle correspond au cas où A est nul et B égal à l'unité.

Si maintenant, dans la relation fonctionnelle

$$F(x+1) = A + xF(x),$$

on remplace x successivement par $x-1, x-2, \ldots, x-m$, on en déduit

$$\begin{aligned} F(x) &= A + (x-1)\,F(x-1),\\ F(x-1) &= A + (x-2)\,F(x-2),\\ F(x-2) &= A + (x-3)\,F(x-3),\\ &\ldots\ldots\ldots\ldots\ldots\ldots\ldots\ldots,\\ F(x-m+1) &= A + (x-m)\,F(x-m); \end{aligned}$$

en multipliant ces égalités respectivement par les produits

$$1, \quad x-1, \quad (x-1)(x-2), \quad \ldots, \quad (x-1)(x-2)\cdots(x-m+1),$$

on obtient

$$\begin{aligned} F(x) = A[1 &+ (x-1) + (x-1)(x-2) + \cdots + (x-1)(x-2)\cdots(x-m+1)]\\ &+ (x-1)(x-2)\cdots(x-m)\,F(x-m), \end{aligned}$$

d'où, pour $x = m+1$, l'entier m étant positif,

$$\begin{aligned} F(m+1) = A[1\cdot 2\cdots m &+ 2\cdot 3\cdots m + \cdots\\ &+ (m-1)m + m + 1] + 1\cdot 2\cdots m(B - Ae). \end{aligned}$$

La série $S(x)$ est le produit de deux séries qu'il est facile de déterminer. Soit, en effet,

$$\frac{1}{x(x+1)(x+2)\cdots(x+n)} = \frac{a_0}{x} + \frac{a_1}{x+1} + \cdots + \frac{a_n}{x+n};$$

si l'on chasse les dénominateurs, puis que dans l'égalité obtenue on fasse x égal successivement à $0, -1, -2, \ldots, -n$, on trouve

$$a_0 = \frac{1}{1\cdot 2\cdots n}, \quad a_1 = -\frac{1}{1}\,\frac{1}{1\cdot 2\cdots(n-1)}, \quad a_2 = \frac{1}{1\cdot 2}\,\frac{1}{1\cdot 2\cdots(n-2)}, \quad \ldots,$$

par suite

$$\begin{aligned} \frac{1}{x(x+1)\cdots(x+n)} &= \frac{1}{1\cdot 2\cdots n}\,\frac{1}{x} - \frac{1}{1\cdot 2\cdots(n-1)}\,\frac{1}{1}\,\frac{1}{x+1}\\ &+ \frac{1}{1\cdot 2\cdots(n-2)}\,\frac{1}{1\cdot 2}\,\frac{1}{x+2} - \cdots\\ &+ (-1)^n \frac{1}{1\cdot 2\cdots n}\,\frac{1}{x+n}; \end{aligned}$$

cette expression est précisément le terme général du produit des deux séries

$$e = 1 + \frac{1}{1} + \frac{1}{1 \cdot 2} + \cdots + \frac{1}{1 \cdot 2 \cdots n} + \cdots,$$

et

$$\frac{1}{x} - \frac{1}{1}\frac{1}{x+1} + \frac{1}{1 \cdot 2}\frac{1}{x+2} - \cdots + (-1)^n \frac{1}{1 \cdot 2 \cdots n}\frac{1}{x+n} + \cdots;$$

on désigne par $P(x)$ la somme de cette dernière série, et par $Q(x)$ la différence entre $P(x)$ et $\Gamma(x)$, de sorte que

$$P(x) = \frac{1}{e}S(x), \qquad Q(x) = \Gamma(x) - P(x);$$

les fonctions $P(x)$ et $Q(x)$ sont les fonctions de Prÿm [1]. La fonction $\Gamma(x)$ se présente alors comme la somme des fonctions $P(x)$ et $Q(x)$, et l'expression générale des fonctions $F(x)$ devient

$$F(x) = (B - Ae)\,P(x) + BQ(x).$$

La fonction $F(x)$ se réduit à l'une ou à l'autre des fonctions de Prÿm, suivant que l'on choisit pour les constantes arbitraires A et B les nombres

$$A_1 = -\frac{1}{e}, \qquad B_1 = 0,$$

ou

$$A_2 = \frac{1}{e}, \qquad B_2 = 1;$$

il en résulte que les fonctions $P(x)$ et $Q(x)$ vérifient les relations fonctionnelles

$$P(x+1) = x\,P(x) - \frac{1}{e}, \qquad Q(x+1) = x\,Q(x) + \frac{1}{e},$$

et sont telles que les rapports

$$\frac{1}{n^x}\frac{P(x+n)}{1 \cdot 2 \cdots (n-1)}, \qquad \frac{1}{n^x}\frac{Q(x+n)}{1 \cdot 2 \cdots (n-1)},$$

tendent, pour $n = \infty$, le premier vers zéro, le second vers l'unité.

(1) *Journal für die reine und angewandte Mathematik*, t. LXXXII, 1877, p. 165–172. L'expression de $Q(x)$ sous forme explicite est compliquée. Hermite (*Journal für die reine und angewandte Mathematik*, t. XC, 1881, p. 332–336) est parvenu à un développement où figurent plusieurs séries. Mellin (*Acta mathematica*, t. II, 1883, p. 231–232) a fait connaître un autre développement, un peu plus simple, où n'entre qu'une seule série.

Enfin on a

$$\begin{aligned} e\,P(x) &= -1-(x-1)-(x-1)(x-2)-\cdots-(x-1)\cdots(x-m+1)\\ &\qquad +(x-1)(x-2)\cdots(x-m)\,e\,P(x-m),\\ e\,Q(x) &= 1+(x-1)+(x-1)(x-2)+\cdots+(x-1)\cdots(x-m+1)\\ &\qquad +(x-1)(x-2)\cdots(x-m)\,e\,Q(x-m), \end{aligned}$$

d'où, pour $x = m + 1$, l'entier m étant positif,

$$\begin{aligned} e\,P(m+1) &= -1\cdot 2\cdots m-2\cdot 3\cdots m-\cdots-m-1+1\cdot 2\cdots me,\\ e\,Q(m+1) &= 1\cdot 2\cdots m+2\cdot 3\cdots m+\cdots+m+1. \end{aligned}$$

La décomposition de la fonction gamma en fonctions de Prÿm (1), qui vient d'être obtenue par une voie très élémentaire, constitue aussi une application extrêmement simple du théorème de Mittag-Leffler.

En effet, la fonction $\Gamma(x)$ n'admettant comme points singuliers que les pôles simples

$$x = 0, \qquad x = -1, \qquad x = -2, \qquad \ldots, \qquad x = -n, \qquad \ldots,$$

et le point singulier essentiel $x = \infty$, si l'on considère la série

$$P(x) = \frac{1}{x} - \frac{1}{1}\,\frac{1}{x+1} + \frac{1}{1\cdot 2}\,\frac{1}{x+2} - \cdots + (-1)^n \frac{1}{1\cdot 2\cdots n}\,\frac{1}{x+n} + \cdots,$$

dont les termes sont les parties principales correspondant aux pôles, on voit qu'elle est uniformément convergente pour toute valeur de x autre que zéro ou qu'un entier négatif ; car, si r est un entier positif aussi grand que l'on veut, à partir de $n = r + 1$, l'inégalité

$$\left|(-1)^n \frac{1}{1\cdot 2\cdots n}\,\frac{1}{x+n}\right| < \frac{1}{1\cdot 2\cdots n}\,\frac{1}{n-r}$$

est vérifiée pour toute valeur de x située à l'intérieur du cercle de rayon r et non égale à zéro ou à un entier négatif. Ainsi la série précédente représente la partie méromorphe de $\Gamma(x)$, tandis que la différence

$$Q(x) = \Gamma(x) - P(x)$$

(1) Cette décomposition, lorsque la fonction gamma est mise sous forme d'intégrale définie, revient au partage de l'intervalle d'intégration. Pour l'étude simultanée des fonctions $\Gamma(x)$, $P(x)$, $Q(x)$, faite au seul point de vue des intégrales définies, on pourra se reporter à un Mémoire de Scheefer (*Journal für die reine und angewandte Mathematik*, t. XCVII, 1884, p. 230–241).

est holomorphe dans tout le plan. On en conclut que $P(1+x)$ est développable suivant une série entière de rayon de convergence égal à l'unité, et que $Q(x)$ est une fonction transcendante entière.

On obtient également des résultats fort élégants en appliquant le théorème de Mittag-Leffler à des combinaisons de fonctions gamma. Hermite (1) a donné plusieurs exemples de ce genre. D'ailleurs, on peut aller beaucoup plus loin dans cet ordre d'idées, comme l'a prouvé Mellin (2), en étudiant très en détail la fonction

$$F(x) = e^{mx} \frac{\Gamma^{\alpha}(x+a)\,\Gamma^{\beta}(x+b)\,\Gamma^{\lambda}(x+l)}{\Gamma^{\alpha'}(x+a')\,\Gamma^{\beta'}(x+b')\,\Gamma^{\lambda'}(x+l')},$$

où $m, a, b, \ldots, l,\ a', b', \ldots, l'$ désignent des constantes quelconques, et $\alpha, \beta, \ldots, \lambda,\ \alpha', \beta', \ldots, \lambda'$ des exposants entiers et positifs. Les propriétés des fonctions de Prÿm apparaissent alors comme des cas particuliers de celles de la fonction $F(x)$, et l'emploi du théorème de Mittag-Leffler permet d'obtenir un grand nombre de transcendantes nouvelles qui ont des rapports étroits avec la fonction gamma. Enfin, en se plaçant toujours à ce même point de vue, on est naturellement amené à se poser la question suivante, qui nous a été indiquée par M. Appell, et dont le développement sortirait du cadre de ce travail :

Étant donnée une fonction rationnelle $r(x)$, on considère comme formant une même famille de fonctions toutes les fonctions définies par la relation

$$F(x) = e^{mx} \frac{\Gamma^{\alpha}(x+a)\,\Gamma^{\beta}(x+b)\cdots\Gamma^{\lambda}(x+l)}{\Gamma^{\alpha'}(x+a)\,\Gamma^{\beta'}(x+b)\cdots\Gamma^{\lambda'}(x+l)}\, R(\operatorname{tang}\pi x),$$

où $R(\operatorname{tang}\pi x)$ est une fonction rationnelle quelconque de $\operatorname{tang}\pi x$ et où les constantes $m, a, b, \ldots, l,\ a', b', \ldots, l'$, ainsi que les exposants α, $\beta, \ldots, \lambda$, α', $\beta', \ldots, \lambda'$ sont déterminés de façon que

$$F(x+1) = r(x)\,F(x).$$

Trouver, pour cette famille de fonctions, une formule de décomposition en éléments simples analogue aux formules connues de décomposition des fonctions doublement périodiques de deuxième et de troisième espèce qui admettent des multiplicateurs donnés.

(1) *Journal für die reine und angewandte Mathematik*, t. XCII, 1882, p. 145–151. Voir aussi : *Faculté des Sciences de Paris. — Cours de M. Hermite rédigé en 1882 par M. Andoyer*, 3e éd., p. 134–138.

(2) *Acta mathematica*, t. VIII, 1886, p. 37–80.

Application. Fonction de Bourguet. — On vient de voir que, pour toute valeur de x non égale à zéro ou à un entier négatif, on a

$$e\,P(x) = \frac{1}{x} + \frac{1}{x(x+1)} + \frac{1}{x(x+1)(x+2)} + \cdots;$$

or,

$$\Gamma(x+n) = x(x+1)\cdots(x+n-1)\,\Gamma(x),$$

par suite

$$e\,\frac{P(x)}{\Gamma(x)} = \frac{1}{\Gamma(x+1)} + \frac{1}{\Gamma(x+2)} + \frac{1}{\Gamma(x+3)} + \cdots.$$

Nous donnerons le nom de *fonction de Bourguet* à la somme de cette série, en mémoire du savant modeste et ingénieux, qui, le premier, l'a considérée (1). Si l'on représente par $T(x)$ la fonction de Bourguet, en adoptant la notation de Weierstrass, on obtient

$$T(x) = \mathrm{Fc}(x+1) + \mathrm{Fc}(x+2) + \mathrm{Fc}(x+3) + \cdots,$$

d'où

$$T(x) - T(x+1) = \mathrm{Fc}(x+1);$$

d'autre part $T(x+n)$ tend évidemment vers zéro pour $n = \infty$; ce résultat, joint à la relation fonctionnelle précédente, suffit à caractériser la fonction $T(x)$, car des relations

$$\begin{aligned} T(x) - T(x+1) &= \mathrm{Fc}(x+1), \\ T(x+1) - T(x+2) &= \mathrm{Fc}(x+2), \\ &\ldots\ldots\ldots\ldots, \\ T(x+n-1) - T(x+n) &= \mathrm{Fc}(x+n), \end{aligned}$$

on déduit

$$T(x) - T(x+n) = \mathrm{Fc}(x+1) + \mathrm{Fc}(x+2) + \cdots + \mathrm{Fc}(x+n),$$

d'où, pour $n = \infty$,

$$T(x) = \sum_{n=1}^{n=\infty} \mathrm{Fc}(x+n).$$

La fonction $T(x)$ est holomorphe dans tout le plan, et par suite développable suivant une série entière de rayon de convergence infini.

(1) *Acta mathematica*, t. II, 1883, p. 280–287. Lindhagen a donné les tables de $T(x)$ de -6 à 2, de centième en centième, et à trois décimales (*Studier öfver gamma-funktionen*, p. 56–67).

Étude de l'équation $P(x) = 0$. — La formule

$$e\,P(x) = \frac{1}{x} + \frac{1}{x(x+1)} + \frac{1}{x(x+1)(x+2)} + \cdots$$

montre que la fonction $P(x)$ est positive pour toute valeur positive de x et décroît quand x augmente. Nous allons chercher maintenant le signe de $P(x)$ dans un intervalle $(-n, -n+1)$; il suffit pour cela de déterminer le signe de $e\,P(x-n)$, c'est-à-dire de la fraction

$$\frac{x + (x-1)(x-2) + \cdots + (x-1)(x-2)\cdots(x-n+1) + e\,P(x)}{(x-1)(x-2)\cdots(x-n)},$$

quand x varie de 0 à 1.

Si l'on considère d'abord la fraction

$$e\,P(x-1) = \frac{1 + e\,P(x)}{x-1},$$

on constate immédiatement que la fonction $P(x)$ est négative dans l'intervalle $(-1, 0)$. Au contraire, elle est positive dans l'intervalle $(-2, -1)$, car

$$e\,P(x-2) = \frac{x + e\,P(x)}{(x-1)(x-2)}.$$

Si, dans le second membre de cette relation, on fait varier x successivement dans les intervalles $(-1, 0)$, $(-3, -2)$, $(-5, -4)$, ..., on voit sans peine que la fonction $P(x)$ est négative dans des intervalles $(-3, -2)$, $(-5, -4)$, $(-7, -6)$, ..., c'est-à-dire dans tous les intervalles dont la limite inférieure est impaire. On peut donc passer tout de suite à l'intervalle $(-4, -3)$; on trouve alors

$$e\,P(x-4) = \frac{x + (x-1)(x-2) + (x-1)(x-2)(x-3) + e\,P(x)}{(x-1)(x-2)(x-3)(x-4)}.$$

Le dénominateur est positif, x étant compris entre 0 et 1 ; quant an numérateur, il est égal à

$$x + (x-1)(x-2)^2 + e\,P(x),$$

et il a le même signe que l'expression

$$x^2 - x(1-x)(x-2)^2 + ex\,P(x);$$

mais le produit $x(1-x)$ a pour valeur maximum $\frac{1}{4}$, puisque la somme de ses facteurs est égale à l'unité ; par conséquent, en remplaçant x^2 par 0, et $(x-2)^2$ par 4, l'expression précédente est supérieure à

$$ex\,P(x) - 1,$$

nombre évidemment positif. Ainsi la fonction $P(x)$ est positive dans l'intervalle $(-4,-3)$.

Il reste à étudier le signe de $P(x)$ dans des intervalles tels que $(-6,-5)$, $(-8,-7), \ldots$ dont la limite inférieure est paire. Or, dans le domaine d'un pôle $x=-m$, on a

$$P(x)=\frac{(-1)^m}{1\cdot 2\cdots m}\,\frac{1}{x+m}+F(x+m),$$

en désignant par $F(x+m)$ une série entière en $x+m$; par suite, si σ est un nombre positif arbitrairement petit, pour $x=-2n+\sigma$ et $x=-2n+1-\sigma$, on trouve

$$\begin{aligned} P(-2n+\sigma)&=\frac{1}{1\cdot 2\cdots 2n}\,\frac{1}{\sigma}+F(\sigma),\\ P(-2n+1-\sigma)&=\frac{1}{1\cdot 2\cdots(2n-1)}\,\frac{1}{\sigma}+F(-\sigma), \end{aligned}$$

de sorte que $P(x)$ est positif à droite d'un pôle pair et à gauche d'un pôle impair. D'ailleurs, dans les intervalles considérés, $P(x)$ peut admettre des valeurs négatives. En effet, par exemple,

$$eP\left(-\frac{11}{2}\right)=\frac{eP\left(-\frac{3}{2}\right)-\frac{257}{8}}{\frac{5}{2}\cdot\frac{7}{2}\cdot\frac{9}{2}\cdot\frac{11}{2}}=\frac{eP\left(\frac{1}{2}\right)-\frac{755}{32}}{\frac{1}{2}\cdot\frac{3}{2}\cdot\frac{5}{2}\cdot\frac{7}{2}\cdot\frac{9}{2}\cdot\frac{11}{2}},$$

et comme

$$eP\left(\frac{1}{2}\right)=2\left(1+\frac{1}{\frac{3}{2}}+\frac{1}{\frac{3}{2}\cdot\frac{5}{2}}+\cdots\right),$$

égalité dont le second membre est inférieur à $2e$, il s'ensuit que

$$P\left(-\frac{11}{2}\right)$$

est négatif. On verrait de même que

$$P\left(-\frac{15}{2}\right),\quad P\left(-\frac{19}{2}\right),\ldots,$$

le sont aussi. La fonction $P(x)$ étant continue à l'intérieur de tout intervalle limité par deux pôles consécutifs, on conclut de ce qui précède que l'équation $P(x)=0$ admet au moins une racine dans chacun des intervalles $\left(-\frac{11}{2},-5\right)$, $\left(-6,-\frac{11}{2}\right)$, $\left(-\frac{15}{2},-7\right)$, $\left(-8,-\frac{15}{2}\right), \ldots$ tandis qu'elle n'en a point dans les autres intervalles. Si x est une valeur de la variable appartenant à un intervalle de limite inférieure paire et telle que $P(x)$ soit négatif, comme $P(x+1)$ est aussi négatif, la relation

$$P(x) - \frac{1}{ex} = \frac{P(x+1)}{x},$$

entraîne l'inégalité

$$P(x) - \frac{1}{ex} > 0,$$

d'où

$$|P(x)| < \frac{1}{e|x|};$$

la valeur absolue de $P(x)$ correspondant à la valeur considérée de x est donc toujours assez petite.

Ces résultats ont été obtenus par Bourguet (1) qui, en outre, a cherché à établir (2) que l'équation $P(x) = 0$ ne peut avoir plus de quatre racines imaginaires, mais sa démonstration n'est pas rigoureuse. On n'a pas réussi jusqu'à présent à voir si l'équation $P(x) = 0$, dans les intervalles où elle possède une racine, n'en admet pas d'autres. L'étude de l'équation $Q(x) = 0$ est encore moins avancée, car on ne sait même pas si elle possède des racines. Cependant Lindhagen (3) a prouvé qu'elle n'en a point si la partie réelle de $x - 1$ est négative.

(1) *Acta mathematica*, t. II, 1883, p. 296–298.

(2) *Comptes rendus hebdomadaires des séances de l'Académie des Sciences*, t. XCVI, 1883, p. 1487–1490.

(3) *Studier öfver gamma-funktionen*, p. 34–37.

III.

PROPRIÉTÉS DE LA FONCTION GAMMA.

Relation des compléments. — Si l'on considère les deux expressions

$$\frac{1}{\Pi(x)} = n^{-x}x\left(1+\frac{x}{1}\right)\cdots\left(1+\frac{x}{n}\right),$$
$$\frac{1}{\Pi(1-x)} = \frac{n+1-x}{n}n^{-x}\left(1+\frac{x}{1}\right)\cdots\left(1+\frac{x}{n}\right),$$

en les multipliant, on trouve

$$\frac{1}{\Pi(x)\,\Pi(1-x)} = \frac{n+1-x}{n}x\left(1-\frac{x^2}{1^2}\right)\cdots\left(1-\frac{x^2}{n^2}\right);$$

mais

$$\sin\pi x = \pi x\left(1-\frac{x^2}{1^2}\right)\left(1-\frac{x^2}{2^2}\right)\left(1-\frac{x^2}{3^2}\right)\cdots,$$

par suite, à la limite,

$$\Gamma(x)\,\Gamma(1-x) = \frac{\pi x}{\sin\pi x}.$$

Cette formule a reçu le nom de *relation des compléments* ; elle a été donnée par Euler dans ses *Institutiones Calculi integralis* (1). Il est à peine besoin de faire remarquer que l'emploi de la formule de Weierstrass y conduit d'une façon immédiate.

La relation des compléments, quand x est réel, permet de limiter l'intervalle où il est nécessaire de calculer $\Gamma(x)$ à l'intervalle $\left(0,\frac{1}{2}\right)$. Dans

(1) 3e éd., t. I, § 351, p. 218–221, et t. IV, p. 104–105.

le cas où la variable est imaginaire, le calcul de $\Gamma(x)$, pour une valeur quelconque de x, pourra être ramené à celui de $\Gamma(x)$ pour une valeur de x dont la partie réelle soit comprise entre 0 et $\frac{1}{2}$.

Si l'on fait $x = \frac{1}{2}$ dans la relation des compléments, on obtient

$$\Gamma\left(\frac{1}{2}\right) = \sqrt{\pi},$$

en prenant la détermination positive du radical, puisque la fonction $\Gamma(x)$ est positive en même temps que x. Le résultat précédent, qui a une grande importance, est dû à Euler [1].

Formule de Legendre. — Si dans le produit

$$\Pi(x) = n^x \frac{1 \cdot 2 \cdots n}{x(x+1)\cdots(x+n)},$$

on remplace x par $x + \frac{1}{2}$, on trouve

$$\Pi\left(x + \frac{1}{2}\right) = \frac{2n}{2x + 2n + 1} n^{x-\frac{1}{2}} \frac{2 \cdot 4 \cdots 2n}{(2x+1)(2x+3)\cdots(2x+2n-1)},$$

d'où

$$\Pi(x)\,\Pi\left(x + \frac{1}{2}\right) = \frac{2n}{2x + 2n + 1} 2n^{2x-\frac{1}{2}} \frac{(2 \cdot 4 \cdots 2n)^2}{2x(2x+1)(2x+2)\cdots(2x+2n)},$$

égalité dont le second membre peut se mettre sous la forme

$$2^{-2x} \frac{2n}{2x + 2n + 1} (2n)^{2x} \frac{1 \cdot 2 \cdots 2n}{2x(2x+1)\cdots(2x+2n)} \frac{(2 \cdot 4 \cdots 2n)^2}{1 \cdot 2 \cdot 3 \cdots 2n} \frac{2}{\sqrt{n}}.$$

Quand n augmente indéfiniment, le rapport

$$\frac{2n}{2x + 2n + 1}$$

tend vers l'unité, et l'expression

$$(2n)^{2x} \frac{1 \cdot 2 \cdots 2n}{2x(2x+1)\cdots(2x+2n)},$$

---

(1) *Commentarii Academiæ Scientiarum imperialis petropolitanæ*, t. V, 1730–1731, p. 44.

que l'on obtiendrait en substituant $2x$ à x, et $2n$ à n dans $\Pi(x)$, devient égale à $\Gamma(2x)$; enfin, le dernier facteur

$$\frac{(2\cdot 4\cdot 6\cdots 2n)^2}{1\cdot 2\cdot 3\cdots 2n}\,\frac{2}{\sqrt{n}}$$

pouvant être mis sous la forme

$$2\sqrt{2\frac{2n+1}{2n}\left(\frac{2\cdot 4\cdot 6\cdots 2n}{1\cdot 3\cdot 5\cdots \overline{2n-1}}\right)^2\frac{1}{2n+1}},$$

on voit que sa limite, pour $n=\infty$, est $2\sqrt{\pi}$ d'après la formule de Wallis ; de là résulte

$$\Gamma(x)\,\Gamma\left(x+\frac{1}{2}\right)=\frac{2\sqrt{\pi}}{2^{2x}}\Gamma(2x).$$

Cette formule, trouvée par Legendre (1), donne le moyen de réduire l'intervalle où il est nécessaire de calculer $\Gamma(x)$ à l'intervalle $\left(0,\frac{1}{4}\right)$. Si x est imaginaire, la réduction porte naturellement sur la partie réelle de cette variable.

La formule de Legendre n'est qu'un cas particulier d'une formule plus générale que nous allons donner.

Formule de Gauss. — On a

$$\Pi(x)=\frac{n}{n+x}n^{x-1}\frac{1\cdot 2\cdot n}{x(x+1)\cdots(x+n-1)},$$

de même

$$\Pi\left(x+\frac{1}{m}\right)=\frac{n}{x+\frac{1}{m}+n}n^{x+\frac{1}{m}-1}\frac{1\cdot 2\cdots n}{\left(x+\frac{1}{m}\right)\left(x+\frac{1}{m}+1\right)\cdots\left(x+\frac{1}{m}+n-1\right)},$$

$$\cdots\cdots\cdots\cdots\cdots\cdots\cdots\cdots\cdots\cdots\cdots\cdots,$$

$$\Pi\left(x+\frac{m-1}{m}\right)=\frac{n}{x+\frac{m-1}{m}+n}n^{x+\frac{m-1}{m}-1}$$

$$\times\frac{1\cdot 2\cdots n}{\left(x+\frac{m-1}{m}\right)\left(x+\frac{m-1}{m}+1\right)\cdots\left(x+\frac{n-1}{m}+n-1\right)};$$

(1) *Mémoires de la classe des Sciences mathématiques et physiques de l'Institut de France*, année 1809, p. 485. Binet a donné de cette formule une démonstration directe différente de celle qui précède (*Journal de l'École royale polytechnique*, 27e cahier, t. XVI, 1839, p. 209–210).

si l'on multiplie toutes ces relations, P désignant le produit des premiers membres, on obtient

$$P = A\frac{mn}{mx+mn}n^{mx-\frac{m+1}{2}}\frac{(1\cdot 2\cdots n)^m}{mx(mx+1)\cdots(mx+mn-1)}m^{mn},$$

en posant

$$A = \frac{(mn)^{m-1}}{(mx+mn+1)(mx+mn+2)\cdots(mx+mn+m-1)},$$

fraction dont la limite est l'unité pour $n = \infty$.

D'autre part, si l'on remplace dans $\Pi(x)$ le nombre n par mn, et x par mx, on trouve une nouvelle expression

$$Q = \frac{mn}{mx+mn}(mn)^{mx-1}\frac{1\cdot 2\cdots mn}{mx(mx+1)\cdots(mx+mn-1)}$$

dont la limite est $\Gamma(mx)$ pour $n = \infty$; par suite

$$P = AQm^{-mx}\frac{(1\cdot 2\cdots n)^m}{1\cdot 2\cdots mn}\frac{m^{mn+1}}{n^{\frac{m-1}{2}}}.$$

Soit

$$\varphi(n) = \frac{1\cdot 2\cdots n}{n^{n+\frac{1}{2}}},$$

d'où

$$\frac{P}{Q} = A\frac{\varphi^m(n)}{\varphi(mn)}m^{-mx+\frac{1}{2}};$$

quand n croît indéfiniment, le rapport $\frac{\varphi^m(n)}{\varphi(mn)}$ a une limite λ_m qui est évidemment égale à celle de la fraction

$$\frac{\varphi^{2m}(n)}{\varphi^2(mn)} : \frac{\varphi^m(2n)}{\varphi(2mn)},$$

ou

$$\left[\frac{\varphi^2(n)}{\varphi(2n)}\right]^m : \left[\frac{\varphi^2(mn)}{\varphi(2mn)}\right],$$

quotient dont les deux termes ont respectivement pour limites λ_2^m et λ_2 ; or,

$$\frac{\varphi^2(n)}{\varphi(2n)} = \sqrt{\frac{2}{n}}\frac{(2\cdot 4\cdot 6\cdots 2n)^2}{1\cdot 2\cdot 3\cdots 2n},$$

d'où

$$\frac{\varphi^2(n)}{\varphi(2n)} = \sqrt{4\frac{2n+1}{2n}\left(\frac{2\cdot4\cdot6\cdots2n}{1\cdot3\cdot5\cdots2n-1}\right)^2\frac{1}{2n-1}},$$

par conséquent, d'après la formule de Wallis, λ_2 est égal à $\sqrt{2\pi}$; on en conclut

$$\lambda_m = (2\pi)^{\frac{m-1}{2}},$$

donc

$$\Gamma(x)\,\Gamma\left(x+\frac{1}{m}\right)\cdots\Gamma\left(x+\frac{m-1}{m}\right) = (2\pi)^{\frac{m-1}{2}}\,m^{-mx+\frac{1}{2}}\,\Gamma(mx).$$

Cette formule est due à Gauss (1) ; on doit y prendre les déterminations positives des radicaux, puisque le premier membre est positif pour toute valeur positive de x.

Si l'on pose $x = \frac{1}{m}$ dans la formule de Gauss, elle devient

$$\Gamma\left(\frac{1}{m}\right)\Gamma\left(\frac{2}{m}\right)\cdots\Gamma\left(\frac{m-1}{m}\right) = \frac{(2\pi)^{\frac{m-1}{2}}}{\sqrt{m}},$$

relation très élégante qui a été donnée par Euler (2) ; on peut l'établir directement et en déduire la formule de Gauss par un procédé inverse de celui que nous avons suivi.

Si maintenant on fait $m = 2$, on retrouve la formule de Legendre. Il est d'ailleurs facile, ainsi que l'a montré Binet (3), de tirer la formule de Gauss de la formule de Legendre. En effet, on vient de voir que le rapport

$$U = \frac{\Gamma(x)\,\Gamma\left(x+\frac{1}{m}\right)\cdots\Gamma\left(x+\frac{m-1}{m}\right)}{m^{-mx}\Gamma(mx)}$$

est indépendant de x ; pour déterminer la constante U, il suffit de multiplier l'expression précédente par celle que l'on obtient en y remplaçant x par $x + \frac{1}{2m}$; on trouve ainsi

$$U^2 = \frac{\Gamma(x)\,\Gamma\left(x+\frac{1}{m}\right)\cdots\Gamma\left(x+\frac{m-1}{m}\right)\Gamma\left(x+\frac{1}{2m}\right)\cdots\Gamma\left(x+\frac{2m-1}{2m}\right)}{m^{-2mx-\frac{1}{2}}\,\Gamma(mx)\,\Gamma\left(mx+\frac{1}{2}\right)}.$$

(1) *Carl Friedrich Gauss Werke*, t. III, p. 149–150.

(2) *Opera postuma Leonhardi Euleri mathematica et physica*, t. I, p. 408–438. Voir aussi *Bulletin des Sciences mathématiques*, 2e série, t. IV, 1880, p. 207–256.

(3) *Journal de l'École royale polytechnique*, 27e cahier, t. XVI, 1839, p. 208–212. Parmi les nombreuses démonstrations de la formule de Gauss, celle de Sonine mérite aussi d'être citée (*Bulletin de la Société mathématique de France*, t. IX, 1880–1881, p. 162–166).

Les arguments des $2m$ facteurs du numérateur forment la suite croissante

$$x, \quad x+\frac{1}{2m}, \quad x+\frac{2}{2m}, \quad x+\frac{3}{2m}, \quad \ldots, \quad x+\frac{m-1}{2m},$$
$$x+\frac{m}{2m}, \quad x+\frac{m+1}{2m}, \quad \ldots, \quad x+\frac{2m-1}{2m},$$

de sorte que l'on peut grouper deux à deux ces facteurs de la façon suivante :

$$\left[\Gamma(x)\Gamma\left(x+\frac{1}{2}\right)\right]\left[\Gamma\left(x+\frac{1}{2m}\right)\Gamma\left(x+\frac{1}{2m}+\frac{1}{2}\right)\right]\cdots$$
$$\times\left[\Gamma\left(x+\frac{m-1}{2m}\right)\Gamma\left(x+\frac{m-1}{2m}+\frac{1}{2}\right)\right];$$

en appliquant à chaque groupe la formule de Legendre, on a

$$\frac{(2\sqrt{\pi})^m}{2^{2mx+\frac{m-1}{2}}}\Gamma(2x)\Gamma\left(2x+\frac{1}{m}\right)\cdots\Gamma\left(2x+\frac{m-1}{m}\right),$$

c'est-à-dire

$$U\,m^{-2mx}\frac{(2\sqrt{\pi})^m}{2^{2mx+\frac{m-1}{2}}}\Gamma(2mx);$$

d'autre part, en appliquant la formule de Legendre au dénominateur de U^2, il devient

$$m^{-2mx-\frac{1}{2}}\frac{2\sqrt{\pi}}{2^{2mx}}\Gamma(2mx);$$

on en conclut que

$$U = m^{\frac{1}{2}}(2\pi)^{\frac{m-1}{2}},$$

et la formule de Gauss est démontrée.

On peut, au moyen de la formule de Gauss, en y donnant successivement à m les valeurs $3, 5, 7, 11, \ldots$ restreindre de plus en plus l'intervalle où le calcul direct de $\Gamma(x)$ est indispensable. On est ainsi conduit à se demander quel est l'intervalle minimum auquel on puisse parvenir ; Legendre (1) et, plus tard, Hoppe (2), se sont occupés de cette question, mais sans la traiter dans toute sa généralité.

Formule de Mellin. — Soient

$$\alpha_1, \quad \alpha_2, \quad \ldots, \quad \alpha_m$$

(1) *Exercices de Calcul intégral sur divers ordres de transcendantes et sur les quadratures*, t. I, p. 283–285, et t. II, p. 26–32.

(2) *Journal für die reine und angewandte Mathematik*, t. XL, 1850, p. 152–154.

les m racines de l'équation binôme

$$\alpha^m - 1 = 0;$$

on a

$$z^m - x^m = (z - \alpha_1 x)(z - \alpha_2 x) \cdots (z - \alpha_m x),$$

de même

$$\left(1 + \frac{z}{n}\right)^m - \left(\frac{x}{n}\right)^m = \left(1 + \frac{z}{n} - \alpha_1 \frac{x}{n}\right)\left(1 + \frac{z}{n} - \alpha_2 \frac{x}{n}\right) \cdots \left(1 + \frac{z}{n} - \alpha_m \frac{x}{n}\right)$$

enfin

$$\alpha_1 + \alpha_2 + \cdots + \alpha_m = 0.$$

Si donc on pose

$$P = \Gamma(z - \alpha_1 x)\,\Gamma(z - \alpha_2 x) \cdots \Gamma(z - \alpha_m x),$$

en se reportant à la formule de Weierstrass relative à Fc(x) (p. 8), on trouve

$$\frac{1}{P} = (z^m - x^m) \prod_{n=1}^{n=\infty} \left[\left(1 + \frac{z}{n}\right)^m - \left(\frac{x}{n}\right)^m\right]\left(\frac{n}{n+1}\right)^{mz},$$

c'est-à-dire

$$\frac{1}{P} = z^m \left[1 - \left(\frac{x}{z}\right)^m\right] \prod_{n=1}^{n=\infty} \left(1 + \frac{z}{n}\right)^m \left(\frac{n}{n+1}\right)^{mz} \left[\left(1 - \frac{x}{n+z}\right)^m\right],$$

ou bien

$$\frac{1}{P} = z^m \prod_{n=1}^{n=\infty} \left(1 + \frac{z}{n}\right)^m \left(\frac{n}{n+1}\right)^{mz} \prod_{n=0}^{n=\infty} \left[1 - \left(\frac{x}{n+z}\right)^m\right],$$

par suite

$$\frac{\Gamma^m(z)}{\Gamma(z - \alpha_1 x)\,\Gamma(z - \alpha_2 x) \cdots \Gamma(z - \alpha_m x)} \prod_{n=0}^{n=\infty} \left[1 - \left(\frac{x}{n+z}\right)^m\right].$$

On doit cette formule à Mellin [1]. Mais Liouville [2] a signalé le premier l'intérêt que présentent des combinaisons de la forme

$$\Gamma(\alpha_1 x)\,\Gamma(\alpha_2 x) \cdots \Gamma(\alpha_m x),$$

---

(1) *Acta mathematica*, t. III, 1883, p. 102–104.

(2) *Comptes rendus hebdomadaires des séances de l'Académie des Sciences*, t. XXXV, 1852, p. 321.

et il a même fait connaître la relation

$$\frac{1}{\Gamma(\alpha_1 x)\,\Gamma(\alpha_2 x)\,\Gamma(\alpha_3 x)} = x^3\left(1+\frac{x^3}{1^3}\right)\left(1+\frac{x^3}{2^3}\right)\left(1+\frac{x^3}{3^3}\right)\cdots,$$

qui n'est qu'un cas particulier de la formule de Mellin. En effet, pour $z = 1$, cette dernière formule se réduit à

$$\frac{1}{\Gamma(1-\alpha_1 x)\,\Gamma(1-\alpha_2 x)\cdots\Gamma(1-\alpha_m x)} = \prod_{n=1}^{n=\infty}\left[1-\left(\frac{x}{n}\right)^m\right],$$

et, si l'on fait $m = 3$, on obtient la relation indiquée par Liouville, tandis que, pour $m = 2$, on retrouve la relation des compléments.

La formule de Mellin est susceptible d'être généralisée, comme Mellin l'a montré lui-même (1).

Relation entre la fonction gamma et la série hypergéométrique. — La relation bien connue (2)

$$\begin{aligned}\gamma[(\gamma-1)-(2\gamma-\alpha-\beta-1)x]\,F+(\gamma-\alpha)(\gamma-\beta)x\,F(\gamma+1)&\\ -\gamma(\gamma-1)(1-x)\,F(\gamma-1)&=0,\end{aligned}$$

qui existe entre la fonction F et les deux fonctions contiguës $F(\gamma+1)$ et $F(\gamma-1)$, se réduit pour $x = 1$ à l'égalité

$$\frac{F(\alpha,\beta,\gamma,1)}{F(\alpha,\beta,\gamma+1,1)} = \frac{(\gamma-\alpha)(\gamma-\beta)}{\gamma(\gamma-\alpha-\beta)};$$

de même

$$\frac{F(\alpha,\beta,\gamma+1,1)}{F(\alpha,\beta,\gamma+2,1)} = \frac{(\gamma-\alpha+1)(\gamma-\beta+1)}{(\gamma+1)(\gamma-\alpha-\beta+1)},$$

$$\cdots\cdots\cdots\cdots\cdots\cdots\cdots\cdots\cdots\cdots\cdots\cdots$$

$$\frac{F(\alpha,\beta,\gamma+n-1,1)}{F(\alpha,\beta,\gamma+n,1)} = \frac{(\gamma-\alpha+n-1)(\gamma-\beta+n-1)}{(\gamma+n-1)(\gamma-\alpha-\beta+n-1)},$$

d'où

$$\begin{aligned}\frac{F(\alpha,\beta,\gamma,1)}{F(\alpha,\beta,\gamma+n,1)} &= \frac{(\gamma-\alpha)(\gamma-\alpha+1)\cdots(\gamma-\alpha+n-1)}{\gamma(\gamma+1)\cdots(\gamma+n-1)}\\ &\quad\times\frac{(\gamma-\beta)(\gamma-\beta+1)\cdots(\gamma-\beta+n-1)}{(\gamma-\alpha-\beta)(\gamma-\alpha-\beta+1)\cdots(\gamma-\alpha-\beta+n-1)},\end{aligned}$$

(1) *Acta mathematica*, t. III, 1883, p. 322–324.

(2) *Carl Friedrich Gauss Werke*, t. III, p. 130. *Voir* MAURICE GODEFROY, *Théorie élémentaire des séries*, p. 87–88.

c'est-à-dire, après avoir introduit au numérateur et au dénominateur les facteurs convenables,

$$\frac{F(\alpha,\beta,\gamma,1)}{F(\alpha,\beta,\gamma+n,1)} = \frac{(\gamma+n)(\gamma-\alpha-\beta+n)\,\Pi(\gamma)\,\Pi(\gamma-\alpha-\beta)}{(\gamma-\alpha+n)(\gamma-\beta+n)\,\Pi(\gamma-\alpha)\,\Pi(\gamma-\beta)}.$$

Lorsque n augmente indéfiniment, $F(\alpha,\beta,\gamma+n,1)$ ayant pour limite l'unité, on trouve

$$F(\alpha,\beta,\gamma,1) = \frac{\Gamma(\gamma)\,\Gamma(\gamma-\alpha-\beta)}{\Gamma(\gamma-\alpha)\,\Gamma(\gamma-\beta)}\ (^1).$$

Les paramètres α, β, γ supposés réels doivent alors vérifier l'inégalité

$$\alpha+\beta-\gamma < 0.$$

La relation précédente peut servir, et c'est la méthode qu'a suivie Gauss, à établir les principales propriétés de la fonction gamma. C'est ainsi qu'il en déduit, par exemple, la relation des compléments de la manière suivante :

On a

$$F\left(\frac{n}{2},-\frac{n}{2},\frac{1}{2},1\right) = \frac{\Gamma^2\left(\frac{1}{2}\right)}{\Gamma\left(\frac{1}{2}-\frac{n}{2}\right)\Gamma\left(\frac{1}{2}+\frac{n}{2}\right)};$$

or,

$$F\left(\frac{n}{2},-\frac{n}{2},\frac{1}{2},1\right) = 1-\frac{n^2}{1\cdot 2}+\frac{n^2(n^2-2^2)}{1\cdot 2\cdot 3\cdot 4}-\frac{n^2(n^2-2^2)(n^2-4^2)}{1\cdot 2\cdot 3\cdot 4\cdot 5\cdot 6}+\cdots,$$

série que l'on obtient en faisant $x=\frac{\pi}{2}$ dans le développement de $\cos nx$ en fonction de $\sin x$:

$$1-\frac{n^2}{1\cdot 2}\sin^2 x+\frac{n^2(n^2-2^2)}{1\cdot 2\cdot 3\cdot 4}\sin^4 x-\frac{n^2(n^2-2^2)(n^2-4^2)}{1\cdot 2\cdot 3\cdot 4\cdot 5\cdot 6}\sin^6 x+\cdots;$$

par suite

$$\Gamma\left(\frac{1}{2}-\frac{n}{2}\right)\Gamma\left(\frac{1}{2}+\frac{n}{2}\right) = \frac{\pi}{\cos\frac{n\pi}{2}},$$

ou bien, en remplaçant n par $2x$

$$\Gamma\left(\frac{1}{2}-x\right)\Gamma\left(\frac{1}{2}+x\right) = \frac{\pi}{\cos \pi x},$$

(1) *Carl Friedrich Gauss Werke*, t. III, p. 147. La généralisation de cette formule a fait l'objet d'un Mémoire de Mellin (*Acta Societatis Scientiarum fennicæ*, t. XXIII, 1897, n° 7).

ou encore, par la substitution de x à $\frac{1}{2} - x$,

$$\Gamma(x)\,\Gamma(1-x) = \frac{\pi}{\sin \pi x}.$$

Ainsi la théorie de la fonction gamma se déduit sans difficulté de celle de la série hypergéométrique. D'ailleurs inversement, comme l'a montré Thomae (¹), la théorie de la série hypergéométrique peut être exposée, d'une façon tout à fait élémentaire, en prenant pour point de départ les premières propriétés de $\Gamma(x)$.

(¹) *Zeitschrift für Mathematik und Physik*, t. XXVI, 1881, p. 314–333, et t. XXVII, 1882, p. 41–56.

IV.

FONCTION DE BINET.

Soit

$$u_n = \left(x + \frac{2n+1}{2}\right)\log\left(1 + \frac{1}{x+n}\right) - 1.$$

L'inégalité

$$|x+n| > 1$$

est vérifiée, quel que soit x, à partir d'une certaine valeur de n ; alors

$$\log\left(1 + \frac{1}{x+n}\right) = \frac{1}{x+n} - \frac{1}{2}\frac{1}{(x+n)^2} + \frac{1}{3}\frac{1}{(x+n)^3} - \cdots,$$

et l'on peut poser

$$u_n = \frac{\lambda_n}{(x+n)^2},$$

en désignant par λ_n un coefficient qui reste fini quand n augmente au delà de toute limite ; par suite, si r est le module de x, et λ une constante positive supérieure, quel que soit n, au module de λ_n, on a, à partir d'une valeur suffisamment grande de n,

$$|u_n| < \frac{\lambda}{(n-r)^2};$$

la série de terme général u_n est donc absolument et uniformément convergente pour toute valeur de x autre que zéro ou qu'un entier négatif. La somme de cette série se représente par $\varpi(x)$ ([1]), de sorte que

$$\varpi(x) = \sum_{n=0}^{n=\infty}\left[\left(x + \frac{2n+1}{2}\right)\log\left(1 + \frac{1}{x+n}\right) - 1\right].$$

([1]) C'est Cauchy qui le premier a fait usage de cette notation (*Œuvres complètes*, 1re série, t. VII, p. 281).

La fonction $\varpi(x)$, introduite par Plana [1], est généralement appelée *fonction de Binet*. On doit, en effet, à Binet [2] une étude très développée de cette transcendante.

Si l'on considère les deux développements

$$\left[\left(x+\frac{1}{2}\right)\log\left(1+\frac{1}{x}\right)\quad -1\right]+\left[\left(x+\frac{3}{2}\right)\log\left(1+\frac{1}{x+1}\right)-1\right]+\cdots,$$
$$\left[\left(x+\frac{3}{2}\right)\log\left(1+\frac{1}{x+1}\right)-1\right]+\left[\left(x+\frac{5}{2}\right)\log\left(1+\frac{1}{x+2}\right)-1\right]+\cdots,$$

on obtient par soustraction

$$\varpi(x)-\varpi(x+1)=\left(x+\frac{1}{2}\right)\log\left(1+\frac{1}{x}\right)-1;$$

cette relation, signalée par Binet [3], joue, par rapport à la fonction $\varpi(x)$, un rôle analogue à celui de la relation fonctionnelle dans l'étude de $\Gamma(x)$.

Lorsque n augmente indéfiniment, $\varpi(x+n)$ tend vers zéro, comme il est facile de s'en convaincre en se reportant à la série qui définit $\varpi(x)$. Ce résultat, joint à la relation fonctionnelle qui vient d'être établie, suffit à caractériser la fonction de Binet. En effet, de l'égalité

$$\varpi(x)-\varpi(x+1)=\left(x+\frac{1}{2}\right)\log\left(1+\frac{1}{x}\right)-1,$$

on déduit successivement

$$\varpi(x+1)-\varpi(x+2)=\left(x+\frac{3}{2}\right)\log\left(1+\frac{1}{x+1}\right)-1,$$
$$\ldots\ldots\ldots\ldots\ldots\ldots\ldots\ldots\ldots\ldots\ldots\ldots\ldots\ldots,$$
$$\varpi(x+n)-\varpi(x+n+1)=\left(x+\frac{2n+1}{2}\right)\log\left(1+\frac{1}{x+n}\right)-1,$$

d'où

$$\varpi(x)-\varpi(x+n+1)=\sum_{p=0}^{p=n}\left[\left(x+\frac{2p+1}{2}\right)\log\left(1+\frac{1}{x+p}\right)-1\right],$$

et par suite, pour $n=\infty$,

$$\varpi(x)=\sum_{n=0}^{n=\infty}\left[\left(x+\frac{2n+1}{2}\right)\log\left(1+\frac{1}{x+n}\right)-1\right].$$

(1) *Memorie della reale Accademia delle Scienze di Torino*, t. XXIV, 1820, p. 410.
(2) *Journal de l'École royale polytechnique*, 27e cahier, t. XVI, 1839, p. 220–269.
(3) *Journal de l'École royale polytechnique*, 27e cahier, t. XVI, 1839, p. 228.

Formules de Binet. — Le terme de rang n de la série $\varpi(x)$ peut se mettre sous la forme

$$u_{n-1} = -(x+n)\log\left(1-\frac{1}{x+n}\right)+\frac{1}{2}\log\left(1-\frac{1}{x+n}\right)-1;$$

mais, pour toute valeur entière de n,

$$\log\left(1-\frac{1}{x+n}\right) = -\frac{1}{x+n}-\frac{1}{2}\frac{1}{(x+n)^2}-\frac{1}{3}\frac{1}{(x+n)^3}-\frac{1}{4}\frac{1}{(x+n)^4}-\cdots,$$

en supposant qu'à partir de $n=1$ l'inégalité

$$|x+n|>1$$

soit vérifiée, c'est-à-dire que le point x reste à l'extérieur d'une série de cercles de même rayon égal à l'unité décrits des points $-1, -2, -3, \ldots$ comme centres ; le $n^{\text{ième}}$ terme de $\varpi(x)$ est alors développable suivant la série absolument convergente

$$u_{n-1} = \frac{1}{3\cdot 4}\frac{1}{(x+n)^2}+\frac{2}{4\cdot 6}\frac{1}{(x+n)^3}+\frac{3}{5\cdot 8}\frac{1}{(x+n)^4}+\cdots;$$

de plus, si l'on pose

$$v_n = \frac{1}{3\cdot 4}\frac{1}{|x+n|^2}+\frac{2}{4\cdot 6}\frac{1}{|x+n|^3}+\frac{3}{5\cdot 8}\frac{1}{|x+n|^4}+\cdots;$$

on en déduit

$$v_n < \frac{1}{12}\frac{1}{|x+n|\,(|x+n|-1)},$$

inégalité dont le second membre est le terme général d'une série positive convergente ; par suite, d'après le théorème des séries de séries,

$$\varpi(x) = \frac{1}{3\cdot 4}\sum_{n=1}^{n=\infty}\frac{1}{(x+n)^2}+\frac{2}{4\cdot 6}\sum_{n=1}^{n=\infty}\frac{1}{(x+n)^3} + \frac{3}{5\cdot 8}\sum_{n=1}^{n=\infty}\frac{1}{(x+n)^4}+\cdots, \qquad |x+n|>1.$$

Cette formule remarquable a été établie pour la première fois par Binet ([1]).

([1]) *Journal de l'École royale polytechnique*, 27e cahier, t. XVI, 1839, p. 226. La démonstration que nous donnons ici nous parait plus simple que toutes celles qui ont été proposées. Voir, par exemple, celle exposée par Bourguet dans sa Thèse, *Annales scientifiques de l'École normale supérieure*, 2e série, t. X, 1881, p. 178–185.

Maintenant le terme de rang $n+1$ de $\varpi(x)$ peut être mis sous la forme

$$u_n = (x+n)\log\left(1+\frac{1}{x+n}\right)+\frac{1}{2}\log\left(1+\frac{1}{x+n}\right)-1;$$

or, à partir de $n = 0$, on a

$$\log\left(1+\frac{1}{x+n}\right)=\frac{1}{x+n}-\frac{1}{2}\frac{1}{(x+n)^2}+\frac{1}{3}\frac{1}{(x+n)^3}-\frac{1}{4}\frac{1}{(x+n)^4}+\cdots,$$

en supposant que, pour toute valeur nulle ou entière de n, l'inégalité

$$|x+n|>1$$

soit satisfaite, c'est-à-dire que le point x reste à l'extérieur d'une série de cercles de même rayon égal à l'unité décrits des points $0, -1, -2, -3, \ldots$ comme centres ; par conséquent

$$u_n = \frac{1}{3\cdot 4}\frac{1}{(x+n)^2}-\frac{2}{4\cdot 6}\frac{1}{(x+n)^3}+\frac{3}{5\cdot 8}\frac{1}{(x+n)^4}-\cdots;$$

d'ailleurs, la série positive de terme général

$$v_n = \frac{1}{3\cdot 4}\frac{1}{|x+n|^2}+\frac{2}{4\cdot 6}\frac{1}{|x+n|^3}+\frac{3}{5\cdot 8}\frac{1}{|x+n|^4}-\cdots;$$

est convergente, comme on vient de le voir ; donc

$$\varpi(x) = \frac{1}{3\cdot 4}\sum_{n=0}^{n=\infty}\frac{1}{(x+n)^2}-\frac{2}{4\cdot 6}\sum_{n=0}^{n=\infty}\frac{1}{(x+n)^3}$$
$$+\frac{3}{5\cdot 8}\sum_{n=0}^{n=\infty}\frac{1}{(x+n)^4}-\cdots, \qquad |x+n|>1,$$

formule due également à Binet (1). Ce dernier développement diffère du précédent par l'alternance des signes ; en outre, dans les sommes, la valeur initiale de n est zéro au lieu d'être l'unité.

L'étude des séries de Binet, leur transformation en séries se prêtant mieux au calcul numérique, et enfin la détermination du reste, ont donné

(1) *Comptes rendus hebdomadaires des séances de l'Académie des Sciences*, t. IX, 1839, p. 158. On a souvent attribué à Féaux la seconde des formules de Binet.

lieu à de nombreux travaux dont les principaux sont ceux de Genocchi (1), Gilbert (2), de Tilly (3), et Bourguet (4).

Formule de Gudermann. — Si au développement

$$\log \Pi(x) = x \log n - \log x - \log\left(1 + \frac{x}{1}\right) - \log\left(1 + \frac{x}{2}\right) - \cdots - \log\left(1 + \frac{x}{n}\right)$$

on ajoute les deux termes

$$x \log\left(1 + \frac{x}{n}\right) + \log\left(1 + \frac{x}{n}\right)$$

qui tendent vers zéro pour $n = \infty$, le nouveau développement obtenu

$$u_n = x \log(n + x) - \log x - \log\left(1 + \frac{x}{1}\right) - \cdots - \log\left(1 + \frac{x}{n-1}\right)$$

a également pour limite $\log \Gamma(x)$ quand n devient infini. De cette dernière relation on déduit

$$u_{n+1} - u_n = x \log\left(1 + \frac{1}{x+n}\right) - \log\left(1 + \frac{x}{n}\right),$$

différence dont le second membre peut se mettre sous la forme

$$\left[\left(x + \frac{2n+1}{2}\right)\log\left(1 + \frac{1}{x+n}\right) - 1\right] - \left[\frac{2n+1}{2}\log\left(1 + \frac{1}{n}\right) - 1\right]$$
$$- \left[\frac{2n+1}{2}\log\left(1 + \frac{x}{n+1}\right) - \frac{2n-1}{2}\log\left(1 + \frac{x}{n}\right)\right];$$

or

$$\varpi(x) = \left(x + \frac{1}{2}\right)\log\left(1 + \frac{1}{x}\right) - 1 + \sum_{n=1}^{n=\infty}\left[\left(x + \frac{2n+1}{2}\right)\log\left(1 + \frac{1}{x+n}\right) - 1\right],$$

et, pour $x = 1$, on trouve

$$\varpi(1) = \sum_{n=1}^{n=\infty}\left[\frac{2n+1}{2}\log\left(1 + \frac{1}{n}\right) - 1\right];$$

(1) *Bulletins de l'Académie royale des Sciences, des Lettres et des Beaux-Arts de Belgique*, t. XX, 1853, p. 392–397, et t. XXI, 1854, p. 84–95 ; 2e série, t. XXXVI, 1873, p. 546–565, et t. XXXVII, 1874, p. 351–352. — *Annali di Scienze matematiche e fisiche*, t. V, 1854, p. 150–160 ; 2e série, t. II, 1859, p. 380.

(2) *Mémoires de l'Académie royale des Sciences, des Lettres et des Beaux-Arts de Belgique*, in-4°, t. XLI, 1875–1876 (n° 3), p. 14–22.

(3) *Bulletins de l'Académie royale des Sciences, des Lettres et des Beaux-Arts de Belgique*, 2e série, t. XXXV, 1873, p. 30–40, et t. XXXVIII, 1874, p. 67–70.

(4) *Annales scientifiques de l'École normale supérieure*, 2e série, t. X, 1881, p. 178–191.

d'autre part, comme on le reconnaît facilement,

$$x - \frac{1}{2}\log(1+x) = \sum_{n=1}^{n=\infty}\left[\frac{2n+1}{2}\log\left(1+\frac{1}{x+n}\right) - \frac{2n-1}{2}\log\left(1+\frac{x}{n}\right)\right];$$

enfin

$$\log\Gamma(x) = x\log(1+x) - \log x + \sum_{n=1}^{n=\infty}\left[x\log\left(1+\frac{1}{x+n}\right) - \log\left(1+\frac{x}{n}\right)\right];$$

par suite, en appelant λ la différence $1 - \varpi(x)$, on a

$$\log\Gamma(x) = \lambda + \left(x - \frac{1}{2}\right)\log x - x + \varpi(x).$$

Pour déterminer la constante λ, il suffit de donner successivement à x les valeurs n et $2n$; on obtient de cette manière

$$2\log\Gamma(n) = 2\lambda + (2n-1)\log n - 2n + 2\varpi(n),$$
$$\log\Gamma(2n) = \lambda + \left(2n - \frac{1}{2}\right)\log 2n - 2n + \varpi(2n),$$

d'où, par soustraction,

$$\lambda = \log\lambda_n + \varpi(2n) - 2\varpi(n),$$

en posant

$$\lambda_n = n^{\frac{1}{2}}2^{2n-\frac{1}{2}}\frac{[1\cdot 2\cdots(n-1)]^2}{1\cdot 2\cdots(2n-1)},$$

expression à laquelle on peut donner la forme suivante

$$\lambda_n = \sqrt{\frac{2}{n}}\,\frac{(2\cdot 4\cdot 6\cdots 2n)^2}{1\cdot 2\cdot 3\cdots 2n},$$

ou bien

$$\lambda_n = \sqrt{4\frac{2n+1}{2n}\left(\frac{2\cdot 4\cdot 6\cdots 2n}{1\cdot 3\cdot 5\cdots \overline{2n-1}}\right)^2\frac{1}{2n+1}};$$

quand n augmente indéfiniment, λ_n a donc pour limite $\sqrt{2\pi}$ d'après la formule de Wallis, et, comme $\varpi(2n)$ et $\varpi(n)$ s'annulent, on en conclut que la constante λ est égale à $\log\sqrt{2\pi}$. Ainsi

$$\log\Gamma(x) = \log\sqrt{2\pi} + \left(x - \frac{1}{2}\right)\log x - x + \varpi(x);$$

c'est la *formule de Gudermann* (1). La démonstration précédente, qui revient au fond à transformer la définition même de $\Gamma(x)$, est due à Jensen (2).

Application. — On peut, au moyen de la formule de Gudermann, trouver une nouvelle expression du module de $\Gamma(x)$ pour une valeur imaginaire de x.

Soit, en effet,

$$x = \alpha + \beta i.$$

On a

$$\log(\alpha + \beta i) = \log(\alpha^2 + \beta^2)^{\frac{1}{2}} + i \operatorname{arc\,tang} \frac{\beta}{\alpha},$$

d'où

$$x^{x-\frac{1}{2}} = [\alpha^2 + \beta^2]^{\frac{1}{2}\left(\alpha - \frac{1}{2}\right) + i\frac{\beta}{2}} e^{-\beta \operatorname{arc\,tang} \frac{\beta}{\alpha} + i\left(\alpha - \frac{1}{2}\right) \operatorname{arc\,tang} \frac{\beta}{\alpha}},$$

par suite

$$|x^{x-\frac{1}{2}}| = [\alpha^2 + \beta^2]^{\frac{1}{2}\left(\alpha - \frac{1}{2}\right)} e^{-\beta \operatorname{arc\,tang} \frac{\beta}{\alpha}};$$

d'autre part,

$$|e^{-x}| = e^{-\alpha};$$

enfin, le module de $\varpi(\alpha + \beta i)$ tend vers zéro quand α ou β croissent indéfiniment, car il vérifie l'inégalité

$$\left|\varpi(\alpha + \beta i)\right| < \frac{1}{12} \sum_{n=0}^{n=\infty} \frac{1}{\sqrt{(\alpha + n)^2 + \beta^2}\left(\sqrt{(\alpha + n)^2 + \beta^2} - 1\right)};$$

on peut donc poser

$$\left|\Gamma(\alpha + \beta i)\right| = \sqrt{2\pi}[\alpha^2 + \beta^2]^{\frac{1}{2}\left(\alpha - \frac{1}{2}\right)} e^{-\alpha - \beta \operatorname{arc\,tang} \frac{\beta}{\alpha}} (1 + \varepsilon),$$

en désignant par ε un nombre qui s'annule pour $\alpha = \infty$ ou $\beta = \infty$. Cette formule est due à Mathias Lerch (3).

(1) *Journal für die reine und angewandte Mathematik*, t. XXIX, 1845, p. 210. Gudermann, dans son Mémoire, semble craindre qu'il n'y ait contradiction entre sa formule et la formule de Stirling. Cette appréhension est rien moins que justifiée, comme on va le voir.

(2) *Nyt Tidsskrift for Mathematik*, t. II B, 1891, p. 40–41.

(3) *Theorie funcke gamma* (*Věstník české Akademie císaře Františka Josefa pro vědy, slovesnost a umění v Praze*, t. II, 1893).

Formule de Stirling. — Soit x une variable réelle et positive. Le $n^{\text{ième}}$ terme de la série $\varpi(x)$ est développable suivant la série positive convergente

$$u_{n-1} = \frac{1}{3\cdot 4}\frac{1}{(x+n)^2} + \frac{2}{4\cdot 6}\frac{1}{(x+n)^3} + \frac{3}{5\cdot 8}\frac{1}{(x+n)^4} + \cdots,$$

et vérifie l'inégalité

$$u_{n-1} < \frac{1}{12}\frac{1}{(x+n-1)(x+n)},$$

d'où l'on déduit

$$\begin{aligned} u_0 &< \frac{1}{12}\left(\frac{1}{x} - \frac{1}{x+1}\right), \\ u_1 &< \frac{1}{12}\left(\frac{1}{x+1} - \frac{1}{x+2}\right), \\ &\dots\dots\dots\dots\dots\dots, \\ u_{n-1} &< \frac{1}{12}\left(\frac{1}{x+n-1} - \frac{1}{x+n}\right); \end{aligned}$$

on peut donc poser

$$\varpi(x) = \frac{\theta}{12x},$$

en désignant par θ un nombre positif compris entre 0 et 1. Si l'on remplace $\varpi(x)$ par cette expression dans la formule de Gudermann

$$\log\Gamma(x) = \log\sqrt{2\pi} + \left(x - \frac{1}{2}\right)\log x - x + \varpi(x),$$

elle devient

$$\Gamma(x) = \sqrt{2\pi}\, x^{x-\frac{1}{2}} e^{-x+\frac{\theta}{12x}};$$

c'est la *formule de Stirling* (1). Lorsque la variable est égale à un entier m, cette formule se réduit à

$$1\cdot 2\cdot 3\cdots m = \sqrt{2\pi}\, m^{m+\frac{1}{2}} e^{-m+\frac{\theta}{12m}},$$

résultat qui a une grande importance dans le calcul des probabilités.

Au lieu de déduire la formule de Stirling de la formule de Gudermann, on peut aussi l'établir directement, et d'une façon très simple, au

(1) *Methodus differentialis : sive Tractatus de summatione et interpolatione serierum infinitarum*, p. 135–139.

moyen de la formule de Wallis. Ce dernier procédé a fait l'objet de bien des démonstrations, dont notamment celles de Glaisher (1), Cayley (2), Mansion (3), Cesàro (4), Rouché (5).

Applications. — I. La formule de Stirling permet de calculer deux limites du nombre de Bernoulli B_n.

En effet,

$$B_n = \frac{1 \cdot 2 \cdots 2n}{2^{2n-1}\pi^{2n}} S_{2n},$$

par suite,

$$\frac{B_n}{B_1} = \frac{1 \cdot 2 \cdots 2n}{2^{2n-1}\pi^{2n-2}} \frac{S_{2n}}{S_2},$$

mais S_{2n} décroissant à mesure que n augmente, il en résulte

$$\frac{B_n}{B_1} < \frac{1 \cdot 2 \cdots 2n}{2^{2n-1}\pi^{2n-2}},$$

d'où, comme B_1 est égal à $\frac{1}{6}$,

$$B_n < \frac{1}{12} \frac{\Gamma(2n+1)}{(2\pi)^{2n-2}};$$

d'autre part, si, dans l'expression de B_n, on remplace S_{2n} par l'unité, on en déduit

$$B_n > 2\frac{\Gamma(2n+1)}{(2\pi)^{2n}}.$$

Or, d'après la formule de Stirling, $\Gamma(2n+1)$ vérifie les inégalités

$$\Gamma(2n+1) > \sqrt{2\pi}\,(2n)^{2n+\frac{1}{2}} e^{-2n},$$

$$\Gamma(2n+1) < \sqrt{2\pi}\,(2n)^{2n+\frac{1}{2}} e^{-2n+\frac{1}{24n}},$$

(1) *The quarterly Journal of pure and applied Mathematics*, Vol. XV, 1878, p. 57–63.

(2) *The quarterly Journal of pure and applied Mathematics*, Vol. XV, 1878, p. 63–64.

(3) *Nouvelle Correspondance mathématique*, t. V, 1879, p. 44–51.

(4) *Nouvelle Correspondance mathématique*, t. VI, 1880, p. 354–357.

(5) *Comptes rendus hebdomadaires des séances de l'Académie des Sciences*, t. CX, 1890, p. 513–515. La démonstration de Rouché, comme toutes les précédentes, est relative au cas où x est un entier positif. Gomes Teixeira a étendu cette démonstration au cas où x est un nombre positif quelconque (*Nouvelles Annales de Mathématiques*, 3e série, t. X, 1891, p. 312–315).

on a donc

$$B_n < \frac{1}{12}\,\frac{(2n)^{2n+\frac{1}{2}}}{(2\pi)^{2n-\frac{5}{2}}}\,e^{-2n+\frac{1}{24n}},$$

$$B_n > 2\frac{(2n)^{2n+\frac{1}{2}}}{(2\pi)^{2n-\frac{1}{2}}}\,e^{-2n},$$

La première de ces limites, entre lesquelles B_n reste compris, a été indiquée par Cauchy (1).

II. La formule de Stirling est d'un usage commode pour l'évaluation de certaines limites.

Soit, par exemple,

$$U_n = \frac{(1\cdot 2\cdots n)^m}{1\cdot 2\cdots mn}\,\frac{m^{mn+1}}{n^{\frac{m-1}{2}}};$$

on a

$$(1\cdot 2\cdots n)^m = (2\pi)^{\frac{m}{2}}\,n^{mn+\frac{m}{2}}\,e^{-mn+m\varpi(n)},$$

$$1\cdot 2\cdots mn = (2\pi)^{\frac{1}{2}}(mn)^{mn+\frac{1}{2}}\,e^{-mn+\varpi(mn)},$$

par suite,

$$U_n = m^{\frac{1}{2}}(2\pi)^{\frac{m-1}{2}}\,e^{m\varpi(n)-\varpi(mn)};$$

quand n croît indéfiniment, m restant fixe, $\varpi(n)$ et $\varpi(mn)$ tendent vers zéro, et U_n a pour limite

$$U = m^{\frac{1}{2}}(2\pi)^{\frac{m-1}{2}}.$$

C'est ainsi que Cauchy (2) a déduit la formule de Gauss de la formule de Stirling.

(1) *Exercices d'Analyse et de Physique mathématique*, t. II, p. 396–397.

(2) *Exercices de Mathématiques* (*Œuvres complètes*, 2e série, t. VII, p. 121–123).

V.

FONCTIONS $\Phi(x)$ ET $\Psi(x)$.

On a, pour toute valeur de x non égale à un entier négatif,

$$\log\Gamma(x+1) = -\rho x + \left[\frac{x}{1} - \log\left(1+\frac{x}{1}\right)\right] + \left[\frac{x}{2} - \log\left(1+\frac{x}{2}\right)\right] + \cdots.$$

Or, soit r un entier positif arbitrairement grand ; à partir de $n = r+1$, l'inégalité

$$\left|\frac{x}{n(x+n)}\right| < \frac{r}{n(n-r)}$$

est vérifiée si la variable x reste à l'intérieur du cercle de rayon r décrit de l'origine comme centre ; la série $\log\Gamma(x+1)$ est donc dérivable, puisque la série formée par les dérivées de ses termes est uniformément convergente. Ainsi

$$\frac{d\log\Gamma(x+1)}{dx} = -\rho + \left(1 - \frac{1}{x+1}\right) + \left(\frac{1}{2} - \frac{1}{x+2}\right) + \left(\frac{1}{3} - \frac{1}{x+3}\right) + \cdots.$$

Ce développement était connu d'Euler (1). Il offre la particularité remarquable que la série des fractions simples qui y figurent devient absolument convergente par l'addition d'une constante à chacune de ces fractions. Ce fait, d'après Weierstrass, a été la première indication qui ait mis sur la voie du théorème de Mittag-Leffler (2).

On obtient de même, pour toute valeur de x non égale à un entier négatif,

$$\frac{d^2\log\Gamma(x+1)}{dx^2} = \frac{1}{(x+1)^2} + \frac{1}{(x+2)^2} + \frac{1}{(x+3)^2} + \cdots$$

(1) *Institutiones Calculi differentialis, pars posterior*, § 384, p. 801.

(2) Voir une lettre adressée par Hermite à Mittag-Leffler et reproduite dans le *Journal für die reine und angewandte Mathematik*, t. XCII, 1882, p. 145–155.

développement dû à Gauss [1] ; en dérivant encore une fois, on trouverait une nouvelle série, et ainsi de suite. En général

$$\frac{(-1)^n}{1\cdot 2\cdots(n-1)}\frac{d^n \log\Gamma(x+1)}{dx^n} = \frac{1}{(x+1)^n} + \frac{1}{(x+2)^n} + \frac{1}{(x+3)^n} + \cdots$$

Nous poserons

$$\Phi(x) = \frac{d\log\Gamma(x)}{dx}, \qquad \Psi(x) = \frac{d^2\log\Gamma(x)}{dx^2};$$

d'après ce qui précède, pour toute valeur de x autre que zéro ou qu'un entier négatif, ces fonctions, sommes de séries absolument et uniformément convergentes, sont holomorphes.

Les fonctions $\Phi(x)$ et $\Psi(x)$, que l'on a désignées par les notations les plus diverses, jouent un rôle important dans la théorie de la fonction gamma. C'est ainsi que Hölder [2] est parvenu à établir que $\Gamma(x)$ n'était solution d'aucune équation différentielle algébrique, en prouvant au préalable que $\Phi(x)$ avait ce caractère. La fonction $\Psi(x)$ ne présente pas moins d'intérêt, car, en partant de son développement, on peut retrouver, comme l'a montré Hermite [3], toutes les propriétés de $\Gamma(x)$. Inversement, il est facile de déduire toutes les propriétés de $\Phi(x)$ et de $\Psi(x)$ de celles de $\Gamma(x)$; si l'on prend, en effet, les dérivées logarithmiques des relations

$$\begin{gathered}\Gamma(x+1) = x\Gamma(x),\\ \Gamma(x+m) = x(x+1)\cdots(x+m-1)\Gamma(x),\\ \Gamma(x)\,\Gamma(1-x) = \frac{\pi}{\sin\pi x},\\ \Gamma(x)\,\Gamma\left(x+\frac{1}{m}\right)\cdots\Gamma\left(x+\frac{m-1}{m}\right) = (2\pi)^{\frac{m-1}{2}}m^{-mx+\frac{1}{2}}\,\Gamma(mx),\end{gathered}$$

---

[1] *Carl Friedrich Gauss Werke*, t. III, p. 153.

[2] *Mathematische Annalen*, t. XXVIII, 1887, p. 1–13. — La fonction gamma est, parmi les fonctions transcendantes élémentaires, la seule qui présente cette particularité. Au sujet du théorème de Hölder, on pourra consulter un Mémoire de Barnes inséré dans *The Messenger of Mathematics*, t. XXIX, 1899, p. 122–128.

[3] *Faculté des Sciences de Paris. — Cours de M. Hermite rédigé en 1882 par M. Andoyer*, 3e éd., p. 113–118.

on obtient

$$\Phi(x+1)-\Phi(x)=\frac{1}{x},$$
$$\Phi(x+m)-\Phi(x)=\frac{1}{x}+\frac{1}{x+1}+\cdots+\frac{1}{x+m-1},$$
$$\Phi(x)-\Phi(1-x)=-\pi\cot\pi x,$$
$$\Phi(x)+\Phi\left(x+\frac{1}{m}\right)+\cdots+\Phi\left(x+\frac{m-1}{m}\right)=m\Phi(mx)-m\log m,$$

et, en dérivant encore une fois,

$$\Psi(x+1)-\Psi(x)=-\frac{1}{x^2},$$
$$\Psi(x+m)-\Psi(x)=-\frac{1}{x^2}-\frac{1}{(x+1)^2}-\cdots-\frac{1}{(x+m-1)^2},$$
$$\Psi(x)+\Psi(1-x)=\left(\frac{\pi}{\sin\pi x}\right)^2,$$
$$\Psi(x)+\Psi\left(x+\frac{1}{m}\right)+\cdots+\Psi\left(x+\frac{m-1}{m}\right)=m^2\Psi(mx).$$

Enfin, à toutes ces formules on peut joindre les deux suivantes

$$\Psi^{(n)}(x+1)-\Psi^{(n)}(x)=(-1)^n\frac{1\cdot 2\cdots n}{x^{n+1}},$$
$$\frac{(-1)^n}{1\cdot 2\cdots n}\left[\Phi^{(n)}(x+m)-\Phi^{(n)}(x)\right]=\sum_{p=1}^{p=m}\frac{1}{(x+p-1)^{n+1}},$$

que l'on trouve en dérivant n fois les deux premières relations relatives à $\Phi(x)$.

Nous avons vu (p. 7 et 9) que l'on a formé de nombreuses fonctions semblables à $\Gamma(x)$; on a été amené, par là même, à construire des fonctions analogues à $\Phi(x)$ ou à $\Psi(x)$. Telle est, entre autres, la fonction

$$\varphi(x+1)=\frac{d}{dx}\left[x\Phi(x+1)\right],$$

étudiée par Blaserna [1] à propos de recherches optiques, et dont les propriétés rappellent celles de $\Phi(x)$.

[1] *Memorie della reale Accademia dei Lincei*, 5e série, t. I, 1896, p. 499–557.

Limite de l'expression $\log n - \left(\frac{1}{x} + \frac{1}{x+1} + \cdots + \frac{1}{x+n-1}\right)$ **pour** $n = \infty$. — La série

$$\Phi(x) = -\rho + \left(\frac{1}{1} - \frac{1}{x}\right) + \left(\frac{1}{2} - \frac{1}{x+1}\right) + \left(\frac{1}{3} - \frac{1}{x+2}\right) + \cdots$$

peut se mettre sous la forme

$$\left(\frac{1}{1} + \frac{1}{2} + \frac{1}{3} + \cdots + \frac{1}{n} - \rho\right) - \left(\frac{1}{x} + \frac{1}{x+1} + \cdots + \frac{1}{x+n-1}\right) + R_n,$$

en désignant par R_n le reste ; or, si l'on pose

$$\rho_n = \frac{1}{1} + \frac{1}{2} + \cdots + \frac{1}{n} - \log n,$$

la série précédente devient

$$\Phi(x) = \rho_n - \rho + \log n - \left(\frac{1}{x} + \frac{1}{x+1} + \cdots + \frac{1}{x+n-1}\right) + R_n;$$

on en conclut que $\Phi(x)$ est la limite, pour $n = \infty$, de l'expression

$$\log n - \left(\frac{1}{x} + \frac{1}{x+1} + \cdots + \frac{1}{x+n-1}\right),$$

résultat qui pourrait servir à définir $\Phi(x)$ (1). En particulier, pour $x = 1$, on a

$$\rho = -\Phi(1).$$

Développement de la différence $\Phi(x+a) - \Phi(x)$. — De la formule

$$\Phi(x) = -\rho + \left(\frac{1}{1} - \frac{1}{x}\right) + \left(\frac{1}{2} - \frac{1}{x+1}\right) + \left(\frac{1}{3} - \frac{1}{x+2}\right) + \cdots$$

on déduit que la différence

$$\Phi(x) - \Phi(x-a)$$

est égale à

$$\left(\frac{1}{x-a} - \frac{1}{x}\right) + \left(\frac{1}{x-a+1} - \frac{1}{x+1}\right) + \left(\frac{1}{x-a+2} - \frac{1}{x+2}\right) + \cdots,$$

(1) Voir un Mémoire publié par Eduard Weyr dans *Časopis pro pěstování mathematiky a fysiky*, t. XXI, 1892, p. 151–166.

développement qui est susceptible d'être transformé de deux façons différentes.

Si l'on suppose d'abord l'inégalité

$$|a| < |x+n|$$

vérifiée à partir de $n = 0$, les termes peuvent être considérés comme les sommes de séries entières absolument convergentes telles que

$$\frac{1}{x-a+n} - \frac{1}{x+n} = \frac{a}{(x+n)^2} + \frac{a^2}{(x+n)^3} + \frac{a^3}{(x+n)^4} + \cdots .$$

Or, soient r le module de x, s celui de a, et m l'entier immédiatement supérieur à $r + s$; à partir de $n = m$, on a

$$\sum_{p=1}^{p=\infty} \left|\frac{a^p}{(x+n)^{p+1}}\right| < \sum_{p=1}^{p=\infty} \frac{s^p}{(n-r)^{p+1}},$$

ou, en désignant par U_n le premier membre de cette inégalité,

$$U_n < \frac{1}{n-r-s} - \frac{1}{n-r};$$

il résulte de là que la série de terme général U_n est convergente, puisque, à partir de $n = m$, ses termes sont inférieurs à ceux de la série positive convergente

$$\Phi(m-r) - \Phi(m-r-s) = \sum_{n=0}^{n=\infty} \left(\frac{1}{m-r-s+n} - \frac{1}{m-r+n}\right);$$

on peut donc, d'après le théorème des séries de séries, sommer par colonnes les développements

$$\frac{1}{x-a} - \frac{1}{x} = \frac{a}{x^2} + \frac{a^2}{x^3} + \frac{a^3}{x^4} + \cdots ,$$

$$\frac{1}{x-a+1} - \frac{1}{x+1} = \frac{a}{(x+1)^2} + \frac{a^2}{(x+1)^3} + \frac{a^3}{(x+1)^4} + \cdots ,$$

. . . . ,

$$\frac{1}{x-a+n} - \frac{1}{x+n} = \frac{a}{(x+n)^2} + \frac{a^2}{(x+n)^3} + \frac{a^3}{(x+n)^4} + \cdots ,$$

. . . . , par suite

$$\Phi(x) - \Phi(x-a) = a\sum_{n=0}^{n=\infty} \frac{1}{(x+n)^2} + a^2\sum_{n=0}^{n=\infty} \frac{1}{(x+n)^3} + a^3\sum_{n=0}^{n=\infty} \frac{1}{(x+n)^4} + \cdots,$$

ou, en remplaçant a par $-a$,

$$\Phi(x+a) - \Phi(x) = a\sum_{n=0}^{n=\infty} \frac{1}{(x+n)^2} - a^2\sum_{n=0}^{n=\infty} \frac{1}{(x+n)^3} + a^3\sum_{n=0}^{n=\infty} \frac{1}{(x+n)^4} - \cdots,$$

c'est-à-dire

$$\Phi(x+a) = \Phi(x) + \frac{a}{1}\Phi'(x) + \frac{a^2}{1\cdot 2}\Phi''(x) + \cdots.$$

Cette série, qui a été considérée par Gauss (¹), s'obtiendrait tout de suite par l'application du théorème de Cauchy relatif au développement d'une fonction en série entière ; mais il nous a paru intéressant de suivre une marche identique à celle adoptée pour la seconde transformation. On doit supposer que le module de a est inférieur au plus petit des modules des nombres $x, x+1, x+2, \ldots, x+n, \ldots$, ou, autrement dit, que le point x reste à l'extérieur d'une série de cercles de même rayon égal au module de a décrits des points $0, -1, -2, -3, \ldots$ comme centres ; cette condition concorde avec celle donnée par le théorème de Cauchy.

Si maintenant ou suppose positive la partie réelle de la différence $x-a$, les termes de la série

$$\left(\frac{1}{x-a} - \frac{1}{x}\right) + \left(\frac{1}{x-a+1} - \frac{1}{x+1}\right) + \left(\frac{1}{x-a+2} - \frac{1}{x+2}\right) + \cdots$$

sont développables en séries absolument convergentes (p. 15) telles que

$$\frac{1}{x-a+n} - \frac{1}{x+n} = \frac{a}{(x+n)(x+n+1)} + \frac{a(a+1)}{(x+n)(x+n+1)(x+n+2)} + \cdots;$$

d'ailleurs, soient encore r le module de x, s celui de a, et m l'entier immédiatement supérieur à $r+s$; à partir de $n=m$ l'inégalité

$$\sum_{p=1}^{p=\infty} \left|\frac{a(a+1)\cdots(a+p-1)}{(x+n)(x+n+1)\cdots(x+n+p)}\right| < \sum_{p=1}^{p=\infty} \frac{s(s+1)\cdots(s+p-1)}{(n-r)(n-r+1)\cdots(n-r+p)}$$

(¹) *Carl Friedrich Gauss Werke*, t. III, p. 153.

est satisfaite, d'où, en représentant par V_n la première somme,

$$V_n < \frac{1}{n-r-s} - \frac{1}{n-r};$$

on en conclut, comme précédemment, que l'on peut sommer par colonnes les séries

$$\begin{array}{l}
\dfrac{1}{x-a} - \dfrac{1}{x} = \dfrac{a}{x(x+1)} + \dfrac{a(a+1)}{x(x+1)(x+2)} + \cdots, \\
\dfrac{1}{x-a+1} - \dfrac{1}{x+1} = \dfrac{a}{(x+1)(x+2)} + \dfrac{a(a+1)}{(x+1)(x+2)(x+3)} + \cdots, \\
\dots\dots\dots\dots\dots\dots\dots\dots\dots\dots\dots\dots, \\
\dfrac{1}{x-a+n} - \dfrac{1}{x+n} = \dfrac{a}{(x+n)(x+n+1)} + \dfrac{a(a+1)}{(x+n)(x+n+1)(x+n+2)} + \cdots, \\
\dots\dots\dots\dots\dots\dots\dots\dots\dots\dots\dots\dots,
\end{array}$$

mais

$$\frac{1}{p}\,\frac{1}{x(x+1)\cdots(x+p-1)} = \frac{1}{x(x+1)\cdots(x+p)} + \frac{1}{(x+1)\cdots(x+p+1)} + \cdots,$$

par conséquent

$$\Phi(x) - \Phi(x-a) = \frac{a}{x} + \frac{1}{2}\,\frac{a(a+1)}{x(x+1)} + \frac{1}{3}\,\frac{a(a+1)(a+2)}{x(x+1)(x+2)} + \cdots,$$

ou bien, en changeant le signe de a,

$$\Phi(x+a) - \Phi(x) = \frac{a}{x} - \frac{1}{2}\,\frac{a(a+1)}{x(x+1)} + \frac{1}{3}\,\frac{a(a+1)(a+2)}{x(x+1)(x+2)} - \cdots,$$

la partie réelle de $x + a$ étant positive.

En particulier, si a est égal à un entier m, cette formule devient

$$\begin{aligned}
\Phi(x+m) - \Phi(x) = \frac{m}{x} - \frac{1}{2}\,\frac{m(m-1)}{x(x+1)} + \frac{1}{3}\,\frac{m(m-1)(m-2)}{x(x+1)(x+2)} - \cdots \\
- \frac{(-1)^m}{m}\,\frac{m(m-1)\cdots 1}{x(x+1)\cdots(x+m-1)},
\end{aligned}$$

d'où l'identité

$$\begin{aligned}
\frac{1}{x} + \frac{1}{x+1} + \cdots + \frac{1}{x+m-1} = \frac{m}{x} - \frac{1}{2}\,\frac{m(m-1)}{x(x+1)} \\
+ \frac{1}{3}\,\frac{m(m-1)(m-2)}{x(x+1)(x+2)} - \cdots - \frac{(-1)^m}{m}\,\frac{m(m-1)\cdots 1}{x(x+1)\cdots(x+m-1)},
\end{aligned}$$

qui, pour $x = 1$, se réduit à la suivante :

$$\frac{1}{1}+\frac{1}{2}+\cdots+\frac{1}{m}=\frac{m}{1}-\frac{1}{2}\frac{m(m-1)}{1\cdot 2}+\frac{1}{3}\frac{m(m-1)(m-2)}{1\cdot 2\cdot 3}-\cdots-(-1)^m\frac{1}{m}$$

relation due à Jean Bernoulli.

Si l'on égale les deux développements dans lesquels on a successivement transformé la série

$$\Phi(x)-\Phi(x-a),$$

on trouve

$$a\sum_{n=0}^{n=\infty}\frac{1}{(x+n)^2}+a^2\sum_{n=0}^{n=\infty}\frac{1}{(x+n)^3}+a^3\sum_{n=0}^{n=\infty}\frac{1}{(x+n)^4}+\cdots$$
$$=\frac{a}{x}+\frac{1}{2}\frac{a(a+1)}{x(x+1)}+\frac{1}{3}\frac{a(a+1)(a+2)}{x(x+1)(x+2)}+\cdots,$$

identité très remarquable que Binet (1) a utilisée dans son Mémoire sur les intégrales eulériennes ; pour qu'elle soit valable, il faut que a ait une partie réelle moindre que celle de x et un module inférieur au plus petit des modules des nombres $x, x+1, x+2, \ldots, x+n, \ldots$.

L'identité précédente donne, lorsqu'on identifie les coefficients de a dans les deux membres,

$$\Psi(x)=\frac{1}{x}+\frac{1}{2}\frac{1}{x(x+1)}+\frac{1}{3}\frac{1\cdot 2}{x(x+1)(x+2)}+\cdots,$$

en admettant que la partie réelle de x soit, ou positive, ou négative mais d'une valeur absolue moindre que le plus petit des modules des nombres $x, x+1, x+2, \ldots$. Cette série a été étudiée par Bauer (2).

Détermination de $\Phi(x)$ pour une valeur rationnelle de x. — La fonction $\Phi(x)$ est susceptible d'être mise sous forme finie toutes les fois que x est un nombre rationnel. On l'établit de la manière suivante, au moyen d'une méthode extrêmement ingénieuse qui a été indiquée par Gauss (3).

(1) *Journal de l'École royale polytechnique*, 27e cahier, t. XVI, 1839, p. 231 et p. 255.

(2) *Journal für die reine und angewandte Mathematik*, t. LVII, 1860, p. 256–272.

(3) *Carl Friedrich Gauss Werke*, t. III, p. 155–157. Un autre procédé, plus rapide, a été donné par Jensen (*Nyt Tidsskrift for Mathematik*, t. II B, 1891, p. 52–54). Voir aussi, à ce sujet, un Mémoire de Mathias Lerch (*Rozpravy české Akademie císaře Františka Josefa pro vědy, slovesnost a umění v Praze*, t. V, 1896, n° 14, p. 19–21).

Si l'on suppose d'abord le nombre rationnel x extérieur à l'intervalle $(0,1)$, en désignant par m l'entier positif immédiatement inférieur à x ou supérieur à $-x$ suivant que x est positif ou négatif, les deux formules

$$\Phi(x) = \Phi(x-m) + \left(\frac{1}{x-1} + \frac{1}{x-2} + \cdots + \frac{1}{x-m}\right),$$
$$\Phi(x) = \Phi(x+m) - \left(\frac{1}{x} + \frac{1}{x+1} + \cdots + \frac{1}{x+m-1}\right),$$

montrent que le calcul de $\Phi(x)$, pour une valeur rationnelle quelconque de x, peut toujours être ramené au calcul de $\Phi(x)$ pour une valeur rationnelle de x comprise entre 0 et 1.

Soit donc

$$x = \frac{p}{q},$$

l'entier p étant moindre que l'entier q. On a vu (p. 49) que $\Phi(x)$ peut se mettre sous la forme

$$\Phi(x) = \rho_n - \rho + \log n - \left(\frac{1}{x} + \frac{1}{x+1} + \cdots + \frac{1}{x+n-1}\right) + R_n,$$

mais

$$\log n = \log\frac{2}{1} + \log\frac{3}{2} + \cdots + \log\frac{n}{n-1},$$

par suite

$$\Phi(x) = -\frac{1}{x} + \log\frac{2}{1} - \frac{1}{x-1} + \log\frac{3}{2} - \frac{1}{x+2} + \log\frac{4}{3} - \cdots,$$

et, en y remplaçant x successivement par les fractions $\frac{1}{q}, \frac{2}{q}, \ldots, \frac{q-1}{q}, \frac{q}{q}$ on tire de cette égalité

$$\Phi\left(\frac{1}{q}\right) = -\frac{q}{1} + \log\frac{2}{1} - \frac{q}{q+1} + \log\frac{3}{2} - \frac{q}{2q+1} + \log\frac{4}{3} - \cdots,$$
$$\Phi\left(\frac{2}{q}\right) = -\frac{q}{2} + \log\frac{2}{1} - \frac{q}{q+2} + \log\frac{3}{2} - \frac{q}{2q+2} + \log\frac{4}{3} - \cdots,$$
$$\cdots\cdots\cdots\cdots\cdots\cdots\cdots\cdots\cdots\cdots\cdots\cdots,$$
$$\Phi\left(\frac{q-1}{q}\right) = -\frac{q}{q-1} + \log\frac{2}{1} - \frac{q}{2q-1} + \log\frac{3}{2} - \frac{q}{3q-1} + \log\frac{4}{3} - \cdots,$$
$$\Phi\left(\frac{q}{q}\right) = -\frac{q}{q} + \log\frac{2}{1} - \frac{q}{2q} + \log\frac{3}{2} - \frac{q}{3q} + \log\frac{4}{3} - \cdots.$$

D'autre part, si l'on pose

$$\omega = \frac{2\pi}{q},$$

en représentant par φ l'un quelconque des angles

$$\omega, \quad 2\omega, \quad \ldots, \quad (q-1)\omega,$$

on vérifie sans peine les relations

$$\begin{aligned}
\cos\varphi &= \cos(q+1)\varphi = \cos(2q+1)\varphi = \ldots,\\
\cos 2\varphi &= \cos(q+2)\varphi = \cos(2q+2)\varphi = \ldots,\\
&\ldots\ldots\ldots\ldots\ldots\ldots\ldots\ldots\ldots\ldots\ldots\ldots,\\
1 = \cos q\varphi &= \cos 2q\varphi = \cos 3q\varphi = \ldots,
\end{aligned}$$

ainsi que la suivante :

$$\cos\varphi + \cos 2\varphi + \cdots + \cos q\varphi = 0.$$

On a donc

$$\begin{aligned}
\cos\varphi\,\Phi\left(\frac{1}{q}\right) &= -\frac{q}{1}\cos\varphi + \cos\varphi\log\frac{2}{1}\\
&\quad - \frac{q}{q+1}\cos(q+1)\varphi + \cos\varphi\log\frac{3}{2} - \cdots,\\
\cos 2\varphi\,\Phi\left(\frac{2}{q}\right) &= -\frac{q}{2}\cos 2\varphi + \cos 2\varphi\log\frac{2}{1}\\
&\quad - \frac{q}{q+2}\cos(q+2)\varphi + \cos 2\varphi\log\frac{3}{2} - \cdots,\\
&\ldots\ldots\ldots\ldots\ldots\ldots\ldots\ldots\ldots\ldots\ldots\ldots\ldots\ldots\ldots,\\
\cos(q-1)\varphi\,\Phi\left(\frac{q-1}{q}\right) &= -\frac{q}{q-1}\cos(q-1)\varphi + \cos(q-1)\varphi\log\frac{2}{1}\\
&\quad - \frac{q}{2q-1}\cos(2q-1)\varphi + \cos(q-1)\varphi\log\frac{3}{2} - \cdots,\\
\cos q\varphi\,\Phi\left(\frac{q}{q}\right) &= -\frac{q}{q}\cos q\varphi + \cos q\varphi\log\frac{2}{1}\\
&\quad - \frac{q}{2q}\cos 2q\varphi + \cos q\varphi\log\frac{3}{2} - \cdots,
\end{aligned}$$

d'où, par addition

$$\begin{aligned}
&\cos\varphi\,\Phi\left(\frac{1}{q}\right) + \cos 2\varphi\,\Phi\left(\frac{2}{q}\right) + \cdots + \cos q\varphi\,\Phi\left(\frac{q}{q}\right)\\
&\quad = -q\left(\cos\varphi + \frac{1}{2}\cos 2\varphi + \frac{1}{3}\cos 3\varphi + \cdots\right).
\end{aligned}$$

Il s'agit maintenant de chercher une expression différente de la somme de la série trigonométrique convergente qui constitue le second membre ; or, de l'identité

$$1 - x\cos\varphi - x^n\cos n\varphi + x^{n+1}\cos(n-1)\varphi$$
$$= (1 - 2x\cos\varphi + x^2)\big[1 + x\cos\varphi + x^2\cos 2\varphi + \cdots + x^{n-1}\cos(n-1)\varphi\big],$$

on déduit, pour toutes les valeurs de x ayant un module moindre que l'unité,

$$\frac{1 - x\cos\varphi}{1 - 2x\cos\varphi + x^2} = 1 + x\cos\varphi + x^2\cos 2\varphi + x^3\cos 3\varphi + \cdots,$$

c'est-à-dire

$$\frac{x - \cos\varphi}{1 - 2x\cos\varphi + x^2} = -\cos\varphi - x\cos 2\varphi - x^2\cos 3\varphi - \cdots.$$

Le premier membre est la dérivée de la fonction

$$y = \log\sqrt{1 - 2x\cos\varphi + x^2}$$

qui s'annule avec x ; d'ailleurs, pour $x = 1$, la série entière

$$-\frac{x}{1}\cos\varphi - \frac{x^2}{2}\cos 2\varphi - \frac{x^3}{3}\cos 3\varphi - \cdots$$

est convergente, et si l'on égale sa somme calculée précédemment à la valeur de y pour $x = 1$, on obtient, d'après le théorème d'Abel,

$$\cos\varphi\,\Phi\left(\frac{1}{q}\right) + \cos 2\varphi\,\Phi\left(\frac{2}{q}\right) + \cdots + \cos q\varphi\,\Phi\left(\frac{q}{q}\right) = \frac{q}{2}\log(2 - 2\cos\varphi).$$

Si l'on considère à présent la somme

$$\cos p\omega\cos r\omega + \cos 2p\omega\cos 2r\omega + \cdots + \cos qp\omega\cos qr\omega,$$

où r est l'un quelconque des nombres $1, 2, 3, \ldots, q$, on constate que cette somme est nulle pour toutes les valeurs de r autres que p et $q - p$, ces dernières valeurs la rendant égale à $\frac{q}{2}$; en effet, cette somme a pour expression

$$\frac{1}{2}\,\frac{\sin q\frac{p+r}{2}\omega\,\cos(q+1)\frac{p+r}{2}\omega}{\sin\frac{p+r}{2}\omega} + \frac{1}{2}\,\frac{\sin q\frac{p-r}{2}\omega\,\cos(q+1)\frac{p-r}{2}\omega}{\sin\frac{p-r}{2}\omega}.$$

Alors, si, dans la relation finale qui a été établie entre les nombres $\Phi\left(\frac{1}{q}\right)$, $\Phi\left(\frac{2}{q}\right), \ldots, \Phi\left(\frac{q}{q}\right)$, on donne à φ successivement les valeurs ω, 2ω, …, $(q-1)\omega$, en multipliant les équations formées de cette manière par $\cos p\omega$, $\cos 2p\omega, \ldots, \cos(q-1)p\omega$, et les ajoutant à la relation

$$\Phi\left(\frac{1}{q}\right) + \Phi\left(\frac{2}{q}\right) + \cdots + \Phi\left(\frac{q}{q}\right) = q\,|hi(1) - q\log q,$$

on trouve

$$\begin{aligned}\Phi\left(\frac{q-p}{q}\right) + \Phi\left(\frac{p}{q}\right) = 2\Phi(1) - 2\log q &+ \cos p\omega\,\log(2-2\cos\omega)\\ &+ \cos 2p\omega\,\log(2-2\cos 2\omega) + \cdots\\ &+ \cos(q-1)p\omega\,\log\big[2-2\cos(q-1)\omega\big];\end{aligned}$$

les deux premiers termes étant mis à part, les coefficients des logarithmes également distants des extrêmes sont deux à deux égaux et, dans le cas où q est pair, le terme du milieu est

$$\cos p\frac{q\omega}{2}\,\log\left(2-2\cos\frac{q\omega}{2}\right);$$

il a pour valeur $2\log 2$ ou $-2\log 2$, suivant que p est pair ou impair.

Enfin, d'après la relation des compléments,

$$\Phi\left(\frac{q-p}{q}\right) - \Phi\left(\frac{p}{q}\right) = \pi\cot\frac{p}{q}\pi;$$

on en conclut que, pour une valeur impaire de q, on a

$$\begin{aligned}\Phi\left(\frac{p}{q}\right) = \Phi(1) - \frac{\pi}{2}\cot\frac{p}{q}\pi - \log q + \cos 2\frac{p}{q}\pi\,\log\left(2-2\cos\frac{2\pi}{q}\right) + \cdots\\ + \cos(q-1)\frac{p}{q}\pi\,\log\left(2-2\cos\frac{q-1}{q}\pi\right),\end{aligned}$$

et pour une valeur paire

$$\begin{aligned}\Phi\left(\frac{p}{q}\right) = \Phi(1) - \frac{\pi}{2}\cot\frac{p}{q}\pi - \log q - \cos 2\frac{p}{q}\pi\,\log\left(2-2\cos\frac{2\pi}{q}\right) + \cdots\\ + \cos(q-2)\frac{p}{q}\pi\,\log\left(2-2\cos\frac{q-2}{q}\pi\right) + (-1)^p\log 2.\end{aligned}$$

Telles sont les formules qui permettent d'exprimer $\Phi(x)$ sous forme finie pour toute valeur rationnelle de x non égale à un entier négatif.

Étude de l'équation $\Phi(x) = 0$. — Si l'on se reporte au développement de $\Phi(x)$, on voit que le coefficient de i dans $\Phi(\alpha + \beta i)$ a pour expression

$$\beta \sum_{n=0}^{n=\infty} \frac{1}{(\alpha + n)^2 + \beta^2}.$$

Il ne peut être nul que pour $\beta = 0$; la fonction $\Phi(x)$ n'admet donc pas de racines imaginaires.

On a, d'autre part

$$\frac{\Phi(x) - \Phi(x_0)}{x - x_0} = \sum_{n=0}^{n=\infty} \frac{1}{(x+n)(x_0+n)}.$$

Les termes du second membre sont tous positifs si les nombres x et x_0 appartiennent simultanément à l'un quelconque des intervalles

$$(0, +\infty), \quad (-1, 0), \quad (-2, -1), \quad \ldots,$$

et comme

$$\Phi(+\infty) = +\infty, \qquad \Phi(-n - 0) = +\infty, \qquad \Phi(-n + 0) = -\infty,$$

on eu conclut que, dans chacun des intervalles considérés, quand la variable x croît de la limite inférieure à la limite supérieure, la fonction $\Phi(x)$ augmente constamment de $-\infty$ à $+\infty$ et, par suite, s'annule une fois et une seule. Ainsi $\Phi(x)$ possède une racine positive et une infinité de racines négatives comprises respectivement entre 0 et -1, -1 et -2, ...

La racine positive appartient à l'intervalle $(1, 2)$, car

$$\Phi(1) = -\rho, \qquad \Phi(2) = 1 - \rho,$$

résultats dont le premier est négatif, et le second positif. Legendre ([1]) et Gauss ([2]) ont calculé la valeur de cette racine qui, limitée à sept décimales, est

$$x = 1.4616321\ldots,$$

alors

$$\Gamma(x) = 0.8856024\ldots;$$

([1]) *Mémoires de la classe des Sciences mathématiques et physiques de l'Institut de France*, année 1809, p. 490. — *Traité des fonctions elliptiques*, t. II, p. 435–436.

([2]) *Carl Friedrich Gauss Werke*, t. III, p. 147.

c'est le seul minimum de la fonction $\Gamma(x)$ dans l'intervalle $(0, +\infty)$.

Soit maintenant $-n + h$ la racine négative de $\Phi(x)$ comprise dans l'intervalle $(-n, -n + 1)$. Si, dans la relation

$$\Phi(x) - \Phi(1 - x) = -\pi \cot \pi x,$$

on fait $x = -n + h$, on obtient

$$\Phi(n + 1 - h) = \pi \cot \pi h;$$

mais

$$\Phi(n + 1 - h) - \Phi(1 - h) = \frac{1}{1 - h} + \frac{1}{2 - h} + \cdots + \frac{1}{n - h},$$

et comme la différence

$$\Phi(1 - h) - \left[\log n - \left(\frac{1}{1 - h} + \frac{1}{2 - h} + \cdots + \frac{1}{n - h}\right)\right]$$

s'annule pour $n = \infty$, on peut poser

$$\Phi(n + 1 - h) - \log n = \varepsilon,$$

le nombre ε tendant vers zéro quand n devient infini ; ainsi

$$h = \frac{1}{\pi} \operatorname{arc\,tang} \frac{\pi}{\varepsilon + \log n},$$

ou bien approximativement, si n est assez grand,

$$h = \frac{1}{\log n};$$

dans cette hypothèse, la racine considérée ayant pour expression

$$x = -n + \frac{1}{\log n},$$

il en résulte que les zéros se rapprochent de plus en plus des pôles à mesure que ceux-ci s'éloignent de l'origine. C'est à Hermite (1) que l'on doit ce résultat. Bourguet (2) a également étudié la même question, et il a calculé les racines correspondant aux deux premiers intervalles ; en outre, il a montré que, si x_p et x_{p+1} sont deux racines relatives à deux intervalles consécutifs, la racine relative à l'intervalle suivant est comprise entre x_{p+1} et $2x_{p+1} - x_p$.

(1) *Journal für die reine und angewandte Mathematik*, t. XC, 1881, p. 336–338.
(2) *Atti della R. Accademia delle Scienze di Torino*, t. XVI, 1881, p. 738–772.

Application. — Courbe figurative de la fonction gamma. — Soit

$$y = \Gamma(x),$$

la variable étant supposée réelle.

Lorsque x varie de 0 à $+\infty$ la fonction $\Gamma(x)$ varie de $+\infty$ à $+\infty$ sans s'annuler et, pour une valeur de la variable comprise entre 1 et 2, passe par un minimum qui vient d'être déterminé.

Lorsque x varie de 0 à $-\infty$, si l'on considère les intervalles successifs $(-1,0)$, $(-2,-1)$, $(-3,-2)$, ..., la fonction $\Gamma(x)$ est alternativement négative et positive dans chacun de ces intervalles et devient infinie aux extrémités.

Au moyen des tables, et en se servant de la relation

$$\Gamma(-x) = -\frac{1}{x}\Gamma(1-x)$$

pour les valeurs négatives de x, il est facile de construire la courbe par points ; on obtient ainsi la figure suivante :

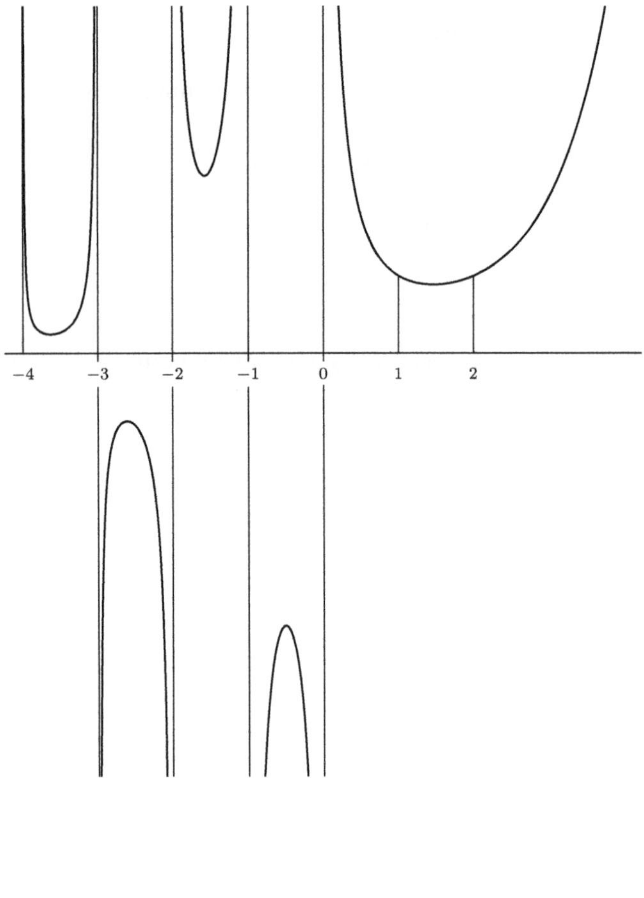

A mesure que x s'écarte de l'origine dans le sens négatif, les points de la courbe correspondant à des maximums et à des minimums se rapprochent de plus en plus de l'axe horizontal et de l'asymptote verticale la plus éloignée de l'origine.

VI.

DÉVELOPPEMENTS EN SÉRIES ENTIÈRES.

Développement de $\log\Gamma(1+x)$ **en série entière.** — On a vu que

$$\log\Gamma(1+x) = -\rho x + \left[\frac{x}{1} - \log\left(1+\frac{x}{1}\right)\right] + \left[\frac{x}{2} - \log\left(1+\frac{x}{2}\right)\right] + \cdots .$$

Pour toute valeur de x de module inférieur à l'unité, les termes de cette série, à partir du second, sont développables en séries entières absolument convergentes

$$\begin{aligned}
\frac{x}{1} - \log\left(1+\frac{x}{1}\right) &= \frac{1}{2}\,x^2 - \frac{1}{3}\,x^3 + \frac{1}{4}\,x^4 - \cdots,\\
\frac{x}{2} - \log\left(1+\frac{x}{2}\right) &= \frac{1}{2}\left(\frac{x}{2}\right)^2 - \frac{1}{3}\left(\frac{x}{2}\right)^3 + \frac{1}{4}\left(\frac{x}{2}\right)^4 - \cdots,\\
&\cdots\cdots\cdots\cdots\cdots\cdots,\\
\frac{x}{n} - \log\left(1+\frac{x}{n}\right) &= \frac{1}{2}\left(\frac{x}{n}\right)^2 - \frac{1}{3}\left(\frac{x}{n}\right)^3 + \frac{1}{4}\left(\frac{x}{n}\right)^4 - \cdots,\\
&\cdots\cdots\cdots\cdots\cdots\cdots;
\end{aligned}$$

d'ailleurs, si r est le module de x, la série positive de terme général

$$\frac{1}{2}\left(\frac{r}{n}\right)^2 + \frac{1}{3}\left(\frac{r}{n}\right)^3 + \frac{1}{4}\left(\frac{r}{n}\right)^4 + \cdots$$

est convergente et a pour somme

$$\log\Gamma(1-r) - \rho r;$$

par suite, si l'on pose

$$S_n = \frac{1}{1^n} + \frac{1}{2^n} + \frac{1}{3^n} + \cdots,$$

en ordonnant par rapport aux puissances croissantes de x, on trouve

$$\log \Gamma(1+x) = -\rho\frac{x}{1} + S_2\frac{x^2}{2} - S_3\frac{x^3}{3} + \cdots, \qquad |x| < 1.$$

Ce développement était connu d'Euler (1) ; il reste convergent pour $x = 1$, les valeurs absolues de ses termes décroissant alors constamment et tendant vers zéro, par conséquent, d'après le théorème d'Abel,

$$\rho = \frac{S_2}{2} - \frac{S_3}{3} + \frac{S_4}{4} - \cdots,$$

formule à laquelle Euler était parvenu d'une tout autre manière (2).

Les sommes $S_2, S_3, \ldots$, qui figurent dans les coefficients du développement de $\log \Gamma(1+x)$, ont été calculées avec seize décimales, d'abord par Euler (3) jusqu'à S_{16}, puis par Legendre (4) jusqu'à S_{35}, et enfin avec trente-deux décimales par Stieltjes (5) jusqu'à S_{70}.

Le développement de $\log \Gamma(1+x)$ en série entière n'est pas d'un usage commode pour les calculs numériques ; Legendre (6), afin de le rendre plus convergent, l'a transformé de la manière suivante :

On a

$$\log \Gamma(1+x) = -\rho\frac{x}{1} + S_2\frac{x^2}{2} - S_3\frac{x^3}{3} + \cdots,$$

$$\log(1+x) = \frac{x}{1} - \frac{x^2}{2} + \frac{x^3}{3} - \cdots,$$

d'où

$$\log \Gamma(1+x) = -\log(1+x) + (1-\rho)\frac{x}{1} - (1-S_2)\frac{x^2}{2} + (1-S_3)\frac{x^3}{3} - \cdots,$$

de même

$$\log \Gamma(1-x) = -\log(1-x) + (1-\rho)\frac{x}{1} - (1-S_2)\frac{x^2}{2} - (1-S_3)\frac{x^3}{3} - \cdots,$$

(1) *Institutiones Calculi differentialis*, pars posterior, § 384, p. 800.

(2) *Commentarii Academiæ Scientiarum imperialis petropolitanæ*, t. VII, 1734–1735, p. 156–157.

(3) *Institutiones Calculi differentialis*, p. 456.

(4) *Exercices de Calcul intégral sur divers ordres de transcendantes et sur les quadratures*, t. II, p. 65.

(5) *Acta mathematica*, t. X, 1887, p. 300–302.

(6) *Traité des fonctions elliptiques*, t. II, p. 433.

par suite

$$\log \Gamma(1+x) - \log \Gamma(1-x) = \log \frac{1-x}{1+x} + 2(1-\rho)\frac{x}{1} + 2(1-S_3)\frac{x^3}{3} + \cdots;$$

mais

$$\Gamma(1+x) = x\Gamma(x),$$
$$\Gamma(x)\Gamma(1-x) = \frac{\pi}{\sin \pi x},$$

donc

$$\Gamma(1+x)\Gamma(1-x) = \frac{\pi x}{\sin \pi x},$$

de sorte que

$$\log \Gamma(1+x) + \log \Gamma(1-x) = \log \frac{\pi x}{\sin \pi x};$$

il en résulte

$$\log \Gamma(1+x) = \frac{1}{2}\log \frac{\pi x}{\sin \pi x} + \frac{1}{2}\log \frac{1-x}{1+x} + (1-\rho)\frac{x}{1} + (1-S_3)\frac{x^3}{3} + \cdots.$$

Cette série, dont Legendre a calculé les huit premiers coefficients avec douze décimales après avoir converti les logarithmes népériens en logarithmes vulgaires, est très convergente pour les petites valeurs de x ; en particulier, si l'on y fait $x = -\frac{1}{2}$, elle devient

$$\rho = 1 - \log \frac{3}{2} - \frac{1}{2^2}\frac{S_3 - 1}{3} - \frac{1}{2^4}\frac{S_5 - 1}{5} - \cdots,$$

formule qui peut servir au calcul de ρ. Euler, en l'employant, a obtenu la valeur de cette constante avec douze décimales. Stieltjes (1), reprenant ce calcul, a obtenu ρ avec trente-trois décimales.

On trouve dans les *Exercices de Calcul intégral* de Legendre les tables de $\log \Gamma(x)$ depuis 1 jusqu'à 2, de millième en millième, d'abord avec sept décimales (t. I, p. 302–306), puis avec douze décimales (t. II, p. 85–95). Gauss (2) a fait calculer par Nicolai les tables de $\log \Gamma(x)$ à vingt décimales, de centième en centième, pour les valeurs de x comprises entre 1 et 2.

(1) *Acta mathematica*, t. X, 1887, p. 302.

(2) *Carl Friedrich Gauss Werke*. t. III, p. 161–162.

Enfin, Bellavitis [1] a donné les tables de $\log\Gamma(x)$ à huit décimales, de dixième en dixième, depuis 10 jusqu'à 12.

Développement de $\Gamma(1+x)$ et de $\dfrac{1}{\Gamma(1+x)}$ en séries entières. — On a vu (p. 11) que la possibilité du développement de la fonction $\Gamma(1+x)$ en série entière résulte de ce que son inverse est une fonction transcendante entière. Il ne nous reste donc plus qu'à montrer comment s'effectue le calcul des coefficients de chacune des deux séries en partant du développement de $\log\Gamma(1+x)$.

Soit d'abord

$$\log\Gamma(1+x) = 1 + A_1x + A_2x^2 + \cdots;$$

la fonction $\Gamma(1+x)$ étant dérivable à l'intérieur de son cercle de convergence, on obtient en dérivant le développement de son logarithme

$$\frac{\Gamma'(1+x)}{\Gamma(1+x)} = -\rho + S_2x - S_3x^2 + \cdots,$$

c'est-à-dire

$$A_1 + 2A_2x + 3A_3x^2 + \cdots = (1 + A_1x + A_2x^2 + \cdots)(-\rho + S_2x - S_3x^2 + \cdots),$$

d'où

$$\begin{aligned} A_1 &= -\rho, \\ 2A_2 &= -\rho A_1 + S_2, \\ 3A_3 &= -\rho A_2 + A_1S_2 - S_3, \\ &\ldots\ldots\ldots\ldots\ldots\ldots\ldots\ldots, \\ nA_n &= -\rho A_{n-1} + A_{n-2}S_2 - A_{n-3}S_3 + \cdots + (-1)^nS_n, \\ &\ldots\ldots\ldots\ldots\ldots\ldots\ldots\ldots; \end{aligned}$$

ces relations permettent de déterminer successivement les coefficients $A_1, A_2, \ldots, A_n, \ldots$. Les vingt premiers d'entre eux ont été calculés avec douze décimales par Jeffery [2].

Soit maintenant

$$\frac{1}{\Gamma(1+x)} = 1 + B_1x + B_2x^2 + \cdots;$$

(1) *Memorie del reale Istituto veneto di Scienze, Lettere ed Arti*, vol. XVIII, 1874, p. 126–162.
(2) *The quarterly Journal of pure and applied Mathematics*, vol. VI, 1864, p. 96–97.

si l'on dérive les deux membres de cette relation, elle donne

$$-\frac{1}{\Gamma(1+x)}\,\frac{\Gamma'(1+x)}{\Gamma(1+x)} = B_1 + 2B_2x + 3B_3x^2 + \cdots,$$

c'est-à-dire

$$(1 + B_1x + B_2x^2 + \cdots)(\rho - S_2x + S_3x^2 - \cdots) = B_1 + 2B_2x + 3B_3x^2 + \cdots,$$

et, en identifiant les coefficients des mêmes puissances de x dans les deux membres, on trouve

$$\begin{aligned} B_1 &= \rho, \\ 2B_2 &= \rho B_1 - S_2, \\ 3B_3 &= \rho B_2 - B_1S_2 + S_3, \\ &\ldots\ldots\ldots\ldots\ldots\ldots\ldots\ldots, \\ nB_n &= \rho B_{n-1} - B_{n-2}S_2 + B_{n-3}S_3 - \cdots - (-1)^nS_n, \\ &\ldots\ldots\ldots\ldots\ldots\ldots\ldots\ldots \end{aligned}$$

Ces équations se déduisent de celles qui ont servi à déterminer A_1, A_2, $A_3, \ldots$ en y changeant les signes de ρ, S_2, $S_3, \ldots$; elles donnent successivement les coefficients B_1, B_2, $B_3, \ldots$. Les vingt-deux premiers de ces nombres ont été calculés avec seize décimales par Bourguet ([1]). Il y a intérêt, pour simplifier les opérations, à mettre en évidence dans le développement le facteur $1 + x$, ce qui revient à retrancher l'unité des coefficients ρ, S_2, $S_3, \ldots$. On forme ensuite les neuf premiers multiples de ces nombres, puis, afin de vérifier les multiplications par le renversement des facteurs, on cherche également les neuf premiers multiples de chacun des coefficients B_1, B_2, $B_3, \ldots$ à mesure qu'on les obtient. On emploie la méthode abrégée pour effectuer les multiplications ([2]).

On tire de l'identité

$$1 = (1 + A_1x + A_2x^2 + \cdots)(1 + B_1x + B_2x^2 + \cdots)$$

les relations suivantes :

$$\begin{aligned} A_1 + B_1 &= 0, \\ A_2 + A_1B_1 + B_2 &= 0, \\ &\ldots\ldots\ldots\ldots, \\ A_n + A_{n-1}B_1 + \cdots + B_n &= 0, \\ &\ldots\ldots\ldots\ldots, \end{aligned}$$

([1]) *Annales scientifiques de l'École normale supérieure*, 2e série, t. X, 1881, p. 224.

([2]) Pour le détail des calculs on se reportera à la Thèse de Bourguet (*Annales scientifiques de l'École normale supérieure*, 2e série, t. X, 1881, p. 209–212).

on peut ainsi obtenir les valeurs des coefficients $B_1, B_2, \ldots$ au moyen de celles des coefficients $A_1, A_2, \ldots$, ou inversement.

La méthode que nous venons d'exposer pour établir les équations relatives aux coefficients des développements de la fonction $\Gamma(1+x)$ et de son inverse diffère complètement de celle indiquée par Bourguet dans sa Thèse ; elle constitue, croyons-nous, un réel progrès sur celle dernière ([1]).

Développement de $P(1+x)$ **et de** $Q(1+x)$ **en séries entières.** — Les termes de la série

$$P(1+x) = \frac{1}{1+x} - \frac{1}{1}\frac{1}{2+x} + \frac{1}{1\cdot 2}\frac{1}{3+x} - \cdots + (-1)^{n-1}\frac{1}{1\cdot 2\cdots(n-1)}\frac{1}{n+x} + \cdots,$$

pour toute valeur de x vérifiant l'inégalité

$$|x| < 1,$$

sont développables en séries entières absolument convergentes

$$\begin{aligned}
\frac{1}{1+x} &= 1 - x + x^2 - x^3 + \cdots, \\
\frac{1}{2+x} &= \frac{1}{2} - \frac{x}{2^2} + \frac{x^2}{2^3} - \frac{x^3}{2^4} + \cdots, \\
&\cdots\cdots\cdots\cdots, \\
\frac{1}{n+x} &= \frac{1}{n} - \frac{x}{n^2} + \frac{x^2}{n^3} - \frac{x^3}{n^4} + \cdots, \\
&\cdots\cdots\cdots\cdots;
\end{aligned}$$

d'ailleurs, si r est le module de x, la série positive de terme général

$$\frac{1}{1\cdot 2\cdots(n-1)}\frac{1}{n-r} = \frac{1}{1\cdot 2\cdots(n-1)}\left(\frac{1}{n} + \frac{r}{n^2} + \frac{r^2}{n^3} + \cdots\right)$$

est convergente ; par suite, en posant

$$a_p = (-1)^p\left[1 - \frac{1}{1}\frac{1}{2^{p+1}} + \frac{1}{1\cdot 2}\frac{1}{3^{p+1}} - \cdots + (-1)^{n-1}\frac{1}{1\cdot 2\cdots(n-1)}\frac{1}{n^{p+1}} + \cdots\right],$$

([1]) Voir une Note que nous avons publiée dans les *Annales de la Faculté des Sciences de Marseille*, t. XI, 1901, p. 117–124. — Voir aussi la Thèse de Lindhagen, *Studier öfver gamma-funktionen*, p. 12–13 et p. 19.

quand on ordonne par rapport aux puissances croissantes de x, on trouve

$$P(1+x) = a_0 + a_1 x + a_2 x^2 + \cdots,$$

série dont le rayon de convergence est l'unité (p. 21). Pour calculer les coefficients $a_0, a_1, a_2, \ldots$, on commence par former les quotients $\frac{1}{1}$, $\frac{1}{1\cdot 2}$, $\frac{1}{1\cdot 2\cdot 3}$, ... ; ensuite on les divise respectivement par 2, 3, 4, ... ; puis les résultats obtenus sont divisés de nouveau par 2, 3, 4, ..., et ainsi de suite.

Il est maintenant facile de déterminer le développement de la fonction $Q(1+x)$. En effet,

$$\Gamma(1+x) = 1 + A_1 x + A_2 x^2 + \cdots,$$
$$P(1+x) = a_0 + a_1 x + a_2 x^2 + \cdots,$$

par conséquent,

$$Q(1+x) = 1 - a_0 + (A_1 - a_1)x + (A_2 - a_2)x^2 + \cdots;$$

tel est le développement de $Q(1+x)$ en série entière. On en déduit sans peine le développement de la fonction $Q(x)$ elle-même, car

$$Q(1+x) = xQ(x) + \frac{1}{e},$$

d'ailleurs

$$a_0 = 1 - \frac{1}{e},$$

d'où

$$Q(x) = A_1 - a_1 + (A_2 - a_2)x + (A_3 - a_3)x^2 + \cdots,$$

développement qui, comme on le sait (p. 21), converge pour toute valeur de x.

Les coefficients $A_1 - a_1, A_2 - a_2, \ldots$, jusqu'à $A_{18} - a_{18}$, ont été calculés par Bourguet avec seize décimales (1).

Développement de $\Phi(1+x)$ et de $\Psi(1+x)$ en séries entières. — Les fonctions $\Phi(1+x)$ et $\Psi(1+x)$ sont développables en séries entières de rayon de convergence égal à l'unité ; en effet, par deux dérivations successives du développement

$$\log\Gamma(1+x) = -\rho\frac{x}{1} + S_2\frac{x^2}{2} - S_3\frac{x^3}{3} + \cdots, \qquad |x| < 1,$$

(1) *Annales scientifiques de l'École normale supérieure*, 2e série, t. X, 1881, p. 227.

on obtient

$$\Phi(1+x) = -\rho + S_2 x - S_3 x^2 + \dots, \qquad |x| < 1,$$
$$\Psi(1+x) = S_2 - 2S_3 x + 3S_4 x^2 - \dots, \qquad |x| < 1.$$

Gauss ([1]), dans son Mémoire sur la série hypergéométrique, a donné, d'après les calculs de Nicolai, en même temps que les valeurs de $\log \Gamma(x)$, celles de $\Phi(x)$ de 1 jusqu'à 2, de centième en centième, et avec dix-huit décimales.

([1]) *Carl Friedrich Gauss Werke*, t. III, p. 161–162.

VII.

APPLICATIONS.

M. Appell a signalé de très intéressantes applications des fonctions $\Gamma(x)$ et $\Psi(x)$ à l'évaluation de la limite de produits ou de séries dont le terme général est une fonction rationnelle de l'indice, et à la résolution de certaines équations fonctionnelles, où figure une fonction rationnelle de la variable. On est ainsi conduit à des résultats qui sont susceptibles d'importantes généralisations. C'est ce dernier problème que M. Appell ([1]) a étudié à l'aide de fonctions nouvelles.

Nous nous proposons, dans le présent Chapitre, d'exposer en détail les applications indiquées par M. Appell, et nous terminerons en donnant la résolution de l'équation de Lindhagen et des équations de Crelle, questions qui appartiennent au même ordre d'idées.

Limite de produits infinis convergents dont le terme général est une fonction rationnelle de l'indice. — Soit

$$u_n = A\frac{(n+a\,)^{\alpha}\,(n+b\,)^{\beta}\cdots(n+l\,)^{\lambda}}{(n+a')^{\alpha'}(n+b')^{\beta'}\cdots(n+l')^{\lambda'}},$$

en désignant par $A, a, b, \ldots, l, a', b', \ldots, l'$ des constantes quelconques, et par $\alpha, \beta, \ldots, \lambda, \alpha', \beta', \ldots, \lambda'$ des exposants entiers et positifs. Si l'on pose

$$P_n = u_0 u_1 \cdots u_{n_1},$$

([1]) Les recherches de M. Appell, publiées d'abord dans les *Comptes rendus hebdomadaires des séances de l'Académie des Sciences*, t. LXXXVI, 1878, p. 953–956, et t. LXXXIX, 1879, p. 841–844 et p. 1031–1032, ont été réunies par lui en un Mémoire inséré dans les *Mathematische Annalen*, t. XIX, 1882, p. 84–102. A ce propos il faut citer un travail de Scheibner, curieux et peu connu, qui parut en 1861 dans les *Berichte über die Verhandlungen der königlich sächsischen Gesellschaft der Wissenschaften zu Leipzig. Mathematisch-physische Classe*, t. XIII, p. 64–135.

on a

$$P_n = A^n \frac{\left[a\,(a\ +1)\cdots(a\ +n-1)\right]^{\alpha}}{\left[a'(a'+1)\cdots(a'+n-1)\right]^{\alpha'}}$$

$$\times \frac{\left[b\,(b\ +1)\cdots(b\ +n-1)\right]^{\beta}\cdots\left[l\,(l\ +1)\cdots(l\ +n-1)\right]^{\lambda}}{\left[b'(b'+1)\cdots(b'+n-1)\right]^{\beta'}\cdots\left[l'(l'+1)\cdots(l'+n-1)\right]^{\lambda'}}\ ;$$

or

$$\Gamma(x+n) = x(x+1)\cdots(x+n-1)\Gamma(x),$$

par suite

$$P_n = A^n \frac{\Gamma^{\alpha'}(a')\,\Gamma^{\beta'}(b')\cdots\Gamma^{\lambda'}(l')}{\Gamma^{\alpha}\,(a\ )\,\Gamma^{\beta}\,(b\ )\cdots\Gamma^{\lambda}\,(l\ )} \cdot \frac{\Gamma^{\alpha}\,(a\ +n)\,\Gamma^{\beta}\,(b\ +n)\cdots\Gamma^{\lambda}\,(l\ +n)}{\Gamma^{\alpha'}(a'+n)\,\Gamma^{\beta'}(b'+n)\cdots\Gamma^{\lambda'}(l'+n)};$$

telle est l'expression du produit des n premiers facteurs. Il faut, pour que le produit P_n soit convergent, que son terme général u_n tende vers l'unité. On doit donc avoir

$$A = 1,$$

et

$$\alpha + \beta + \cdots + \lambda = \alpha' + \beta' + \cdots + \lambda'.$$

Soient alors

$$\begin{aligned} s\ &= a\,\alpha\ + b\,\beta\ + \cdots + l\,\lambda, \\ s' &= a'\alpha' + b'\beta' + \cdots + l'\lambda'; \end{aligned}$$

on sait que, pour $n = \infty$, le rapport

$$\frac{1}{n^x}\,\frac{\Gamma(x+n)}{1\cdot 2\cdots(n-1)}$$

devient égal à l'unité ; en tenant compte de ce résultat, on constate, après une transformation facile, que le produit P_n ne peut être convergent que pour

$$s = s',$$

et, cette condition étant réalisée, la limite P de P_n est donnée par la formule

$$P = \frac{\Gamma^{\alpha'}(a')\,\Gamma^{\beta'}(b')\cdots\Gamma^{\lambda'}(l')}{\Gamma^{\alpha}\,(a\ )\,\Gamma^{\beta}\,(b\ )\cdots\Gamma^{\lambda}\,(l\ )}.$$

C'est à de Gasparis (1) qu'est due la première étude des produits dont le terme général est une fonction rationnelle de l'indice. Mais, comme l'a remarqué Eneström (2), les conditions pour qu'un produit de ce genre ait une limite étaient connues de Stirling (3).

On déduit, sans difficulté, des résultats précédents les conditions relatives à la convergence absolue d'une série dans laquelle le rapport d'un terme au précédent est une fraction rationnelle telle que

$$\frac{u_{n+1}}{u_n} = \frac{(n+a\,)^{\alpha}\,(n+b\,)^{\beta}\cdots(n+l\,)^{\lambda}}{(n+a')^{\alpha'}(n+b')^{\beta'}\cdots(n+l')^{\lambda'}},$$

le numérateur et le dénominateur ayant le même degré. En effet, si l'on pose

$$P_n = \frac{u_1}{u_0}\cdot\frac{u_2}{u_1}\cdots\frac{u_n}{u_{n-1}},$$

on a

$$u_n = u_0\,P_n.$$

Soient alors

$$\begin{aligned}\sigma\ + \tau\, i &= a\,\alpha\ + b\,\beta\ + \cdots + l\,\lambda,\\ \sigma' + \tau' i &= a'\alpha' + b'\beta' + \cdots + l'\lambda';\end{aligned}$$

d'après ce que l'on vient de voir, le module de u_n peut se mettre sous la forme

$$|u_n| = \lambda_n n^{\sigma-\sigma'},$$

en désignant par λ_n un coefficient positif qui tend vers une limite non nulle pour $n=\infty$. Ainsi

$$n^{\sigma'-\sigma}\,|u_n| = \lambda_n,$$

et l'on en conclut que la série de terme général u_n n'est absolument convergente que pour

$$\sigma' - \sigma > 1.$$

Si le rapport d'un terme au précédent a pour expression

$$\frac{u_{n+1}}{u_n} = \frac{n^p + an^{p-1} + a_1 n^{p-2} + \cdots + a_{p-1}}{n^p + bn^{p-1} + b_1 n^{p-2} + \cdots + b_{p-1}},$$

(1) *Rendiconto delle adunanze e de' lavori della reale Accademia delle Scienze di Napoli*, 2e série, t. I, 1852, p. 199–201.

(2) *Öfversigt af kongl. Vetenskaps-Akademiens Förhandlingar*, t. XXXVI, 1879, n° 9, p. 71–84.

(3) *Methodus differentialis : sive Tractatus de summatione et interpolatione serierum infinitarum*, p. 37–40.

la condition de convergence absolue est que la partie réelle de la différence $b-a$ soit supérieure à l'unité. Cette règle de convergence, qui est la généralisation de celle donnée par Gauss pour les séries à termes positifs, a été utilisée par Hermite (1) dans certaines applications du théorème de Mittag-Leffler.

Sommation des séries dont le terme général est une fonction rationnelle de l'indice. — Si l'on considère une série dont le terme général u_n, fonction rationnelle de n, puisse être décomposé en fractions simples de telle sorte que

$$u_n = \sum \left[\frac{A_1}{n+a} + \frac{A_2}{(n+a)^2} + \cdots + \frac{A_\alpha}{(n+a)^\alpha} \right],$$

en posant

$$S_n = u_0 + u_1 + \cdots + u_{n-1},$$

on voit que S_n est la somme des expressions

$$\sum A_1 \left[\frac{1}{a} + \frac{1}{a+1} + \cdots + \frac{1}{a+n-1} \right],$$

$$\sum A_2 \left[\frac{1}{a^2} + \frac{1}{(a+1)^2} + \cdots + \frac{1}{(a+n-1)^2} \right],$$

$$\cdots\cdots\cdots\cdots\cdots\cdots\cdots\cdots\cdots\cdots\cdots\cdots ,$$

$$\sum A_\alpha \left[\frac{1}{a^\alpha} + \frac{1}{(a+1)^\alpha} + \cdots + \frac{1}{(a+n-1)^\alpha} \right].$$

Or

$$\frac{(-1)^n}{1\cdot 2\cdots n}\left[\Phi^{(n)}(x+m) - \Phi^{(n)}(x)\right] = \frac{1}{x^{n+1}} + \frac{1}{(x+1)^{n+1}} + \cdots + \frac{1}{(x+m-1)^{n+1}},$$

par suite

$$S_n = \sum A_1\left[\Phi(a+n) - \Phi(a)\right] - \frac{1}{1}\sum A_2\left[\Phi'(a+n) - \Phi'(a)\right] + \cdots$$
$$+ \frac{(-1)^{\alpha-1}}{1\cdot 2\cdots(\alpha-1)}\sum A_\alpha\left[\Phi^{(\alpha-1)}(a+n) - \Phi^{(\alpha-1)}(a)\right];$$

telle est l'expression de la somme des n premiers termes. Il reste à chercher sa limite, pour $n = \infty$, lorsque la série est convergente.

(1) *Faculté des Sciences de Paris. — Cours de M. Hermite rédigé en 1882 par M. Andoyer*, 3e éd., p. 136–137.

Si l'on réduit les fractions simples au même dénominateur l'expression de u_n devient

$$u_n = \frac{a_0 n^p + a_1 n^{p-1} + \cdots + a^p}{b_0 n^q + b_1 n^{q-1} + \cdots + b^q}.$$

On doit écarter, d'abord, l'hypothèse $p - q \geqq 0$, car, dans ce cas, u_n ne tend pas vers zéro quand n augmente indéfiniment ; si l'on suppose alors $p - q < 0$, on peut mettre u_n sous la forme

$$u_n = \frac{1}{n^{q-p}} \frac{a_0 + \frac{1}{n}(a_1 + \alpha_n)}{b_0 + \frac{1}{n}(b_1 + \beta_n)},$$

les nombres α_n et β_n s'annulant pour $n = \infty$; il en résulte que, à partir d'une valeur suffisamment grande de n, on aura

$$\left| u_n - \frac{a_0}{b_0} \frac{1}{n^{q-p}} \right| < \frac{k}{n^{q-p+1}},$$

en désignant par k une constante positive. La série de terme général u_n est donc encore divergente pour $q - p = 1$; elle ne converge que si l'on a $p - q \leqq -2$. Cette dernière condition étant remplie, les coefficients tels que A_1 vérifient la relation

$$\sum A_1 = 0,$$

puisque, lorsqu'on réduit les fractions simples au même dénominateur, le premier membre de l'égalité précédente est le coefficient de n^{q-1} dans le polynôme du numérateur ; par conséquent, si n croît indéfiniment, l'expression

$$\sum A_1 \Big[\Phi(a+n) - \Phi(a) \Big] = \sum A_2 \Big[\Phi(a+n) - \Phi(a) - \log n \Big]$$

a pour limite

$$-\sum A_1 \Phi(\alpha);$$

on en déduit que la série considérée a pour somme

$$S = -\sum A_1 \Phi(\alpha) + \frac{1}{1} \sum A_2 \Phi'(a) - \cdots + \frac{(-1)^\alpha}{1 \cdot 2 \cdots (\alpha - 1)} \sum A_\alpha \Phi^{(\alpha-1)}(a).$$

Dans le cas particulier où le dénominateur de la fraction rationnelle u_n n'admet que des racines simples, cette formule se réduit à

$$S = -\sum A_1 \Phi(a),$$

ou bien

$$S = -\sum A_1\left[\Phi(a) - \Phi(1)\right].$$

Ainsi, lorsque toutes les racines sont rationnelles, la somme de la série est réductible aux logarithmes et aux fonctions circulaires. C'est à M. Appell (1) que l'on doit cette remarque.

Eduard Weyr (2), dans un Mémoire sur la fonction $\Phi(x)$, a donné plusieurs exemples numériques à propos de la méthode de sommation que nous venons d'exposer. Nous citerons seulement, d'après Jensen (3), le développement suivant

$$\sum_{n=0}^{n=\infty} \frac{1}{(n+a)(n+b)\cdots(n+l)} = -\left[\frac{\Phi(a)}{(b-a)(c-a)\cdots(l-a)} + \frac{\Phi(b)}{(a-b)(c-b)\cdots(l-b)} + \cdots + \frac{\Phi(l)}{(a-l)(b-l)\cdots(k-l)}\right].$$

La sommation d'une série entière, où le coefficient de x^n est une fonction rationnelle de n, est un problème plus général, mais moins simple, que celui qui vient d'être traité. Il fait l'objet de l'un des Mémoires posthumes d'Abel (4). Hermite (5) s'est aussi occupé du même sujet, dans le cas où la fonction rationnelle se réduit à un polynôme.

Résolution de certaines équations fonctionnelles. — Nous nous bornerons à résoudre deux questions qui présentent la plus grande analogie avec celles précédemment étudiées.

I. Soit d'abord l'équation fonctionnelle

$$F(x+1) = R(x)F(x),$$

où $R(x)$ désigne une fonction rationnelle de x. On peut mettre cette fonction $R(x)$ sous la forme

$$R(x) = A\frac{(x+a)^{\alpha}(x+b)^{\beta}\cdots(x+l)^{\lambda}}{(x+a')^{\alpha'}(x+b')^{\beta'}\cdots(x+l')^{\lambda'}},$$

en désignant par $A, a, b, \ldots, l, a', b', \ldots, l'$ des nombres indépendants de x, et par $\alpha, \beta, \ldots, \lambda, \alpha', \beta', \ldots, \lambda'$ des exposants entiers et positifs.

(1) *Comptes rendus hebdomadaires des séances de l'Académie des Sciences*, t. LXXXVI, 1878, p. 954.

(2) *Časopis pro pěstováni mathematiky a fysiky*, t. XXI, 1892, p. 176–180.

(3) *Nyt Tidsskrift for Mathematik*, t. II B, 1891, p. 49.

(4) *Œuvres complètes*, éd. L. Sylow et S. Lie, t. II, p. 14–18.

(5) *Bulletin de la Société physico-mathématique de Kasan*, 2e série, t. VIII, 1899, p. 107–108.

Or, on a successivement

$$\begin{aligned}
F(x+1) &= R(x)F(x), \\
F(x+2) &= R(x+1)F(x+1), \\
&\dots\dots\dots\dots\dots\dots, \\
F(x+n) &= R(x+n-1)F(x+n-1),
\end{aligned}$$

par suite

$$F(x+n) = R(x)R(x+1)\cdots R(x+n-1)F(x),$$

et, comme on l'a vu déjà, on trouve sans peine

$$\begin{aligned}
F(x+n) = A^n &\frac{\Gamma^{\alpha'}(x+a')\Gamma^{\beta'}(x+b')\cdots\Gamma^{\lambda'}(x+l')}{\Gamma^{\alpha}(x+a)\Gamma^{\beta}(x+b)\cdots\Gamma^{\lambda}(x+l)} \\
&\times \frac{\Gamma^{\alpha}(x+a+n)\Gamma^{\beta}(x+b+n)\cdots\Gamma^{\lambda}(x+l+n)}{\Gamma^{\alpha'}(x+a'+n)\Gamma^{\beta'}(x+b'+n)\cdots\Gamma^{\lambda'}(x+l'+n)} F(x).
\end{aligned}$$

Une solution particulière de cette équation est évidemment

$$S(x) = A^x \frac{\Gamma^{\alpha}(x+a)\Gamma^{\beta}(x+b)\cdots\Gamma^{\lambda}(x+l)}{\Gamma^{\alpha'}(x+a')\Gamma^{\beta'}(x+b')\cdots\Gamma^{\lambda'}(x+l')},$$

et la solution générale sera

$$F(x) = \Theta(x)S(x),$$

en représentant par $\Theta(x)$ une fonction périodique arbitraire de période égale à l'unité.

Soient

$$\begin{aligned}
s &= a\alpha + b\beta + \cdots + l\lambda, s' = a'\alpha' + b'\beta' + \cdots + l'\lambda', \\
p &= \alpha + \beta + \cdots + \lambda, \quad p' = \alpha' + \beta' + \cdots + \lambda';
\end{aligned}$$

si l'on impose à la fonction $F(x)$, non seulement la condition de vérifier l'équation fonctionnelle donnée, mais encore celle d'être telle que le rapport

$$\frac{1}{A^n} \cdot \frac{1}{n^{(p-p')x+s-s'}} \cdot \frac{F(x+n)}{\big[1\cdot 2\cdots(n-1)\big]^{p-p'}}$$

ait une limite K pour $n = \infty$, il n'y aura plus qu'une seule solution

$$F(x) = K \frac{\Gamma^{\alpha}(x+a)\Gamma^{\beta}(x+b)\cdots\Gamma^{\lambda}(x+l)}{\Gamma^{\alpha'}(x+a')\Gamma^{\beta'}(x+b')\cdots\Gamma^{\lambda'}(x+l')}.$$

Mellin (1), dans un Mémoire sur les séries hypergéométriques d'ordre supérieur, a donné le nom de *fonction gamma* à toute solution de l'équation fonctionnelle

$$F(x+1) = A\frac{(x+a)(x+b)\cdots(x+l)}{(x+a')(x+b')\cdots(x+l')}F(x),$$

c'est-à-dire à toute fonction de la forme

$$F(x) = A^x\frac{\Gamma(x+a)\Gamma(x+b)\cdots\Gamma(x+l)}{\Gamma(x+a')\Gamma(x+b')\cdots\Gamma(x+l')}\Theta(x),$$

la fonction $\Theta(x)$ admettant l'unité comme période. En se plaçant à ce point de vue très général, toute fonction rationnelle est une fonction gamma.

Une équation fonctionnelle semblable à celle qui vient d'être étudiée est la suivante

$$F(x+1) = r(x)F(x),$$

où $r(x)$ est une fonction de la forme

$$r(x) = e^m\frac{(x+a)^\alpha(x+b)^\beta\cdots(x+l)^\lambda}{(x+a')^{\alpha'}(x+b')^{\beta'}\cdots(x+l')^{\lambda'}};$$

si $\Theta(x)$ est une fonction ayant l'unité pour période, la solution générale de cette équation est

$$F(x) = \Theta(x)S(x),$$

en posant

$$S(x) = e^{mx}\frac{\Gamma^\alpha(x+a)\Gamma^\beta(x+b)\cdots\Gamma^\lambda(x+l)}{\Gamma^{\alpha'}(x+a')\Gamma^{\beta'}(x+b')\cdots\Gamma^{\lambda'}(x+l')},$$

fonction qui, comme nous l'avons déjà dit (p. 21), a été de la part de Mellin (2) l'objet d'une étude très étendue.

II. Soit en second lieu l'équation fonctionnelle

$$F(x+1) = F(x) + R(x),$$

dans laquelle $R(x)$ désigne une fonction rationnelle donnée susceptible d'être mise sous la forme

$$R(x) = \sum\left[\frac{A_1}{x+a} + \frac{A_2}{(x+a)^2} + \cdots + \frac{A_\alpha}{(x+a)^\alpha}\right].$$

(1) *Acta Societatis Scientiarum fennicæ*, t. XXIII, 1897, n° 7.

(2) *Acta mathematica*, t. VIII, p. 37–80.

On a successivement

$$F(x+1) = F(x) + R(x),$$
$$F(x+2) = F(x+1) + R(x+1),$$
$$\dots\dots\dots\dots\dots\dots\dots\dots,$$
$$F(x+n) = F(x+n-1) + R(x+n-1),$$

par suite

$$F(x+n) - F(x) = R(x) + R(x+1) + \cdots + R(x+n-1),$$

et, en raisonnant comme on l'a fait dans le cas d'une série, on trouve

$$\begin{aligned} F(x+n) - F(x) = {} & \sum A_1\big[\Phi(x+a+n) - \Phi(x+a)\big] \\ & - \frac{1}{1}\sum A_2\big[\Phi'(x+a+n) - \Phi'(x+a)\big] + \cdots \\ & + \frac{(-1)^{\alpha-1}}{1\cdot 2\cdots(\alpha-1)}\sum A_\alpha\big[\Phi^{(\alpha-1)}(x+a-n) - \Phi^{(\alpha-1)}(x+a)\big]. \end{aligned}$$

On voit tout de suite qu'une solution particulière est

$$\begin{aligned} S(x) = {} & \sum A_1\Phi(x+a) \\ & - \frac{1}{1}\sum A_2\Phi'(x+a) + \cdots + \frac{(-1)^{\alpha-1}}{1\cdot 2\cdots(\alpha-1)}\sum A_\alpha\Phi^{(\alpha-1)}(x+a), \end{aligned}$$

de sorte que la solution générale est donnée par la formule

$$F(x) = \Theta(x) + S(x),$$

en désignant encore par $\Theta(x)$ une fonction périodique de période égale à l'unité.

Si l'on suppose le degré du dénominateur de la fraction rationnelle $R(x)$ supérieur de deux unités au moins au degré du numérateur, et que l'on assujettisse la fonction $F(x)$, non seulement à vérifier l'équation fonctionnelle, mais, en outre à être telle que $F(x+n)$ tende vers une limite K pour $n = \infty$, il n'y a plus, dans ce cas, que la solution unique

$$\begin{aligned} F(x) = {} & K + \sum A_1\Phi(x+a) \\ & - \frac{1}{1}\sum A_2\Phi'(x+a) + \cdots + \frac{(-1)^{\alpha-1}}{1\cdot 2\cdots(\alpha-1)}\sum A_\alpha\Phi^{(\alpha-1)}(x+a). \end{aligned}$$

Équation de Lindhagen. — L'équation fonctionnelle

$$F(x+1) = xF(x) + R(x),$$

où $R(x)$ désigne un polynôme entier en x, se rattache par sa forme aux équations dont nous venons de nous occuper. Cette équation a été étudiée par Lindhagen (1), mais c'est Jensen (2) qui en a fait connaître la solution générale sous forme explicite, et voici de quelle manière :

De l'égalité

$$\frac{F(x+1)}{\Gamma(x+1)} - \frac{F(x)}{\Gamma(x)} = \frac{R(x)}{\Gamma(x+1)},$$

on tire

$$\frac{F(x+2)}{\Gamma(x+2)} - \frac{F(x+1)}{\Gamma(x+1)} = \frac{R(x+1)}{\Gamma(x+2)},$$

$$\dots\dots\dots\dots\dots\dots\dots\dots\dots\dots,$$

$$\frac{F(x+n)}{\Gamma(x+n)} - \frac{F(x+n-1)}{\Gamma(x+n-1)} = \frac{R(x+n-1)}{\Gamma(x+n)},$$

d'où

$$\frac{F(x+n)}{\Gamma(x+n)} - \frac{F(x)}{\Gamma(x)} = \sum_{p=1}^{p=n} \frac{R(x+p-1)}{\Gamma(x+p)}.$$

Or, pour toute valeur de x non égale à un entier négatif, la série de terme général

$$\frac{R(x+n-1)}{\Gamma(x+n)}$$

est convergente, le rapport de ce terme au précédent s'annulant quand n devient infini ; d'ailleurs, si m est le degré du polynôme $R(x)$, on peut poser

$$R(x) = A_0 + A_1 x + A_2 x(x-1) + \cdots + A_m x(x-1)\cdots(x-m+1),$$

car il suffit de donner à x les $m+1$ valeurs $0, 1, 2, \dots, m$ pour déterminer les coefficients $A_0, A_1, A_2, \dots, A_m$. Ainsi

$$\frac{R(x)}{\Gamma(x+1)} = \frac{A_0}{\Gamma(x+1)} + \frac{A_1}{\Gamma(x)} + \frac{A_2}{\Gamma(x-1)} + \cdots + \frac{A_m}{\Gamma(x-m+1)},$$

$$\frac{R(x+1)}{\Gamma(x+2)} = \frac{A_0}{\Gamma(x+2)} + \frac{A_1}{\Gamma(x+1)} + \frac{A_2}{\Gamma(x)} + \cdots + \frac{A_m}{\Gamma(x-m+2)},$$

$$\dots\dots\dots\dots\dots\dots\dots\dots\dots\dots\dots\dots\dots\dots,$$

(1) *Studier öfver gamma-funktionen och några beslagtäde transcendenter*, p. 44–55.
(2) *Nyt Tidsskrift for Mathematik*, t. II B, 1891, p. 60–62.

par suite (p. 22)

$$A_0\frac{P(x)}{\Gamma(x)}+A_1\frac{P(x-1)}{\Gamma(x-1)}+\cdots+A_m\frac{P(x-m)}{\Gamma(x-m)}=\frac{1}{e}\sum_{n=1}^{n=\infty}\frac{R(x+n-1)}{\Gamma(x+n)};$$

mais (p. 20)

$$\begin{aligned} eP(x) = {} & -1-(x-1)-(x-1)(x-2)-\cdots \\ & -(x-l)(x-2)\cdots(x-p+1) \\ & +(x-1)(x-2)\cdots(x-p)\,eP(x-p), \\ \Gamma(x) = {} & (x-p)(x-p+1)\cdots(x-1)\,\Gamma(x-p), \end{aligned}$$

d'où

$$e\frac{\Gamma(x)\,P(x-p)}{\Gamma(x-p)}=e\,P(x)+X_p,$$

en représentant par X_p le polynôme

$$1+(x-1)+(x-1)(x-2)+\cdots+(x-1)(x-2)\cdots(x-p+1);$$

si donc on désigne par $S(x)$ la somme de la série

$$\sum_{n=1}^{n=\infty}\frac{R(x+n-1)}{\Gamma(x+n)},$$

on a

$$S(x)\Gamma(x)=A_1X_1+A_2X_2+A_3X_3+\cdots+A_mX_m+e(A_0+A_1+\cdots+A_m)\,P(x).$$

Il est facile maintenant de résoudre l'équation fonctionnelle donnée. En effet, le rapport

$$\frac{F(x+n)}{\Gamma(x+n)}$$

a nécessairement une limite pour $n=\infty$ alors, si l'on considère une fonction $G(x)$ qui vérifie l'équation fonctionnelle et soit telle que le rapport

$$\frac{1}{n^x}\,\frac{G(x+n)}{1\cdot 2\cdots(n-1)}$$

ait pour limite une constante K quand n croît indéfiniment, cette fonction $G(x)$ aura pour expression

$$G(x)=K\Gamma(x)-S(x)\Gamma(x);$$

d'autre part, des égalités

$$F(x+1) = xF(x) + R(x),$$
$$G(x+1) = xG(x) + R(x),$$

on déduit

$$F(x+1) - G(x+1) = x\left[F(x) - G(x)\right],$$

et, si $\Theta(x)$ est une fonction admettant une période égale à l'unité, la solution générale a pour expression

$$F(x) = G(x) + \Theta(x)\Gamma(x),$$

c'est-à-dire

$$F(x) = \left[K + \Theta(x)\right]\Gamma(x) - S(x)\Gamma(x),$$

ou bien, en négligeant la constante K qui ne modifie en rien la forme de la fonction arbitraire $\Theta(x)$

$$F(x) = \Theta(x)\Gamma(x) - (A_1X_1 + A_2X_2 + \cdots + A_mX_m) - e(A_0 + A_1 + \cdots + A_m)\,P(x).$$

Équations de Crelle. — Soient x et y deux variables, et z un entier positif : si l'on pose

$$F(x,y,z) = x(x+y)(x+2y)\cdots(x+\overline{z-1}y),$$

en désignant par a un entier positif et par λ un nombre quelconque, on voit immédiatement que la fonction $F(x,y,z)$ vérifie les équations

$$F(x,y,z+a) = F(x,y,z)\,F(x+zy,y,a),$$
$$F(\lambda x,\lambda y,z) = \lambda^z F(x,y,z),$$
$$F(x,y,1) = x.$$

Lorsque l'on fait $y = 0$ dans $F(x,y,z)$, cette fonction se réduit à l'exponentielle x^z ; les relations précédentes correspondent donc aux trois propriétés caractéristiques de l'exponentielle x^z exprimées par les égalités :

$$x^{z+a} = x^z x^a,$$
$$(\lambda x)^z = \lambda^z x^z,$$
$$x^1 = x.$$

La fonction x^z ayant une signification précise pour toute valeur de l'exposant z, on est amené par analogie à se demander s'il n'existe point une fonction $F(x,y,z)$ qui, pour toute valeur entière et positive de z, soit représentée par le produit déjà considéré, et satisfasse aux trois équations qu'il vérifie. On a désigné, d'après Kramp, une telle fonction sous le nom de *faculté analytique*. L'étude des fonctions de ce genre, ébauchée par Vandermonde (1), a été l'objet de nombreux travaux de la part des analystes allemands de la première moitié du XIXe siècle ; il faut citer, entre autres, les recherches de Kramp (2), Bessel (3), Crelle, Oettinger, Ohm (4). Mais les résultats obtenus étaient loin d'être satisfaisants lorsque Weierstrass, dans un Mémoire (5) dont nous avons eu plusieurs fois l'occasion de parler, parvint à élucider toutes les difficultés par une méthode aussi sûre qu'élégante. Voici quel a été son point de départ.

Le problème dont il s'agit revient à chercher la solution générale des trois équations suivantes, dites *équations de Crelle* (6),

$$\begin{aligned} F(x,y,z+a) &= F(x,y,z)\,F(x+zy,y,a),\\ F(ax,ay,z) &= a^z\,F(x,y,z),\\ F(x,y,1) &= x. \end{aligned}$$

Or, si l'on permute z et a dans la première équation, elle devient

$$F(x,y,z+a) = F(x,y,a)\,F(x+ay,y,z),$$

d'où, en remplaçant x par $x-ay$,

$$F(x,y,z) = \frac{F(x-ay,y,z+a)}{F(x-ay,y,a)}.$$

Soit alors

$$x - ay = ty;$$

on trouve

$$F(x,y,z) = \frac{F(ty,y,z+a)}{F(ty,y,a)},$$

---

(1) *Mémoires de Mathématique et de Physique, tirés des registres de l'Académie royale des Sciences*, 1772, 1re Partie, p. 489–498.

(2) *Analyse des réfractions astronomiques et terrestres*, Strassbourg, 1799, in-4°.

(3) *Abhandlungen von Friedrich Wilhelm Bessel*, éd. Engelmann, t. II, p. 342.

(4) Les Mémoires de Crelle, Oettinger et Ohm ont été publiés dans le *Journal für die reine und angewandte Mathematik*, t. VII, 1831 ; t. XXXIII, 1846 ; t. XXXV, 1847 ; t. XXXVIII, 1849 ; t. XXXIX, 1850 ; t. XLIV, 1852.

(5) *Über die Theorie der analytischen Facultäten* (*Mathematische Werke*, t. I, p. 153–221).

(6) *Journal für die reine und angewandte Mathematik*, t. VII, 1831, p. 269.

d'où, en tenant compte de la seconde équation,

$$F(x,y,z) = y^z \frac{F(t,1,z+a)}{F(t,1,a)},$$

par suite, si l'on pose

$$G\left(\frac{x}{y}\right) = F\left(t,1,\frac{x}{y}-t\right),$$

on en déduit

$$F(x,y,z) = y^z \frac{G\left(\frac{x}{y}+z\right)}{G\left(\frac{x}{y}\right)}.$$

Inversement, il est facile de constater que, quelle que soit la forme de la fonction arbitraire $G(x)$, toute fonction $F(x,y,z)$ définie par cette relation satisfait aux deux premières équations de Crelle. En effet,

$$F(x,y,z+a) = y^{z+a} \frac{G\left(\frac{x}{y}+z+a\right)}{G\left(\frac{x}{y}\right)} = y^z \frac{G\left(\frac{x}{y}+z\right)}{G\left(\frac{x}{y}\right)} y^a \frac{G\left(\frac{x+zy}{y}+a\right)}{G\left(\frac{x+zy}{y}\right)},$$

c'est-à-dire

$$F(x,y,z+a) = F(x,y,z)\,F(x+zy,\,y,a);$$

d'autre part

$$F(ax,ay,z) = (ay)^z \,\frac{G\left(\frac{x}{y}+z\right)}{G\left(\frac{x}{y}\right)},$$

c'est-à-dire

$$F(ax,ay,z) = a^z\,F(x,y,z).$$

Maintenant, pour que la troisième équation de Crelle soit vérifiée, il faut que l'on ait

$$y\frac{G\left(\frac{x}{y}+1\right)}{G\left(\frac{x}{y}\right)} = x,$$

ou bien

$$G\left(\frac{x}{y}+1\right)=\frac{x}{y}G\left(\frac{x}{y}\right),$$

équation dont la solution générale est

$$G\left(\frac{x}{y}\right)=\Theta\left(\frac{x}{y}\right)\Gamma\left(\frac{x}{y}\right),$$

en désignant par $\Theta(x)$ une fonction arbitraire de x admettant une période égale à l'unité ; par conséquent l'expression la plus générale des fonctions $F(x,y,z)$ vérifiant les trois équations de Crelle est donnée par la formule

$$F(x,y,z)=y^z\frac{\Gamma\left(\frac{x}{y}+z\right)}{\Gamma\left(\frac{x}{y}\right)}\frac{\Theta\left(\frac{x}{y}+z\right)}{\Theta\left(\frac{x}{y}\right)}\qquad (^1).$$

(1) Weierstrass, *Mathematische Werke*, t. I, p. 162.

TABLE MÉTHODIQUE.

I.

HISTORIQUE.

II.

ÉTUDE GÉNÉRALE DE LA FONCTION GAMMA.

III.

PROPRIÉTÉS DE LA FONCTION GAMMA.

IV.

FONCTION DE BINET.

V.

FONCTIONS $\Phi(x)$ ET $\Psi(x)$.

VI.

DÉVELOPPEMENTS EN SÉRIES ENTIÈRES.

VII.

APPLICATIONS.

TABLE ALPHABÉTIQUE.

30254 Paris. — Imprimerie GAUTHIER-VILLARS, quai des Grands-Augustins, 55.